AF388701

LES PROGRÈS DE LA SCIENCE

ET

LEURS VOLONTAIRES DÉLAISSÉS

PROJET DE RÉORGANISATION

LES

PROGRÈS DE LA SCIENCE

ET LEURS

VOLONTAIRES DÉLAISSÉS

PROJET DE RÉORGANISATION

PAR

Le Docteur ROUSSY

Maître de Conférences à l'Ecole pratique des Hautes-Etudes,
(au Collège de France).
Lauréat des Facultés de médecine de Bordeaux et de Paris, de l'Académie
de médecine de Paris. Etc. ; Etc.

PARIS
JULES ROUSSET, ÉDITEUR
36, Rue Serpente, 36
En face la Faculté de Médecine

1901

TRAVAUX DU MÊME AUTEUR

A. — VOLUMES ET PLAQUETTES.

1. — **Recherches cliniques et expérimentales sur la pathogénie de l'Angor Pectoris par rétrécissement ou occlusion des artères coronaires du cœur.** — Thèse pour le doctorat en médecine. Paris, 1881. Derenne, éditeur (*Couronnée par la Faculté de médecine de Paris*). Epuisé.

2. — **Microbes, Ptomaïnes et Maladies.** Vol. in-8 de 235 pages. Doin, édit. Paris, 1886. Ouvrage portant le millésime de 1887, mais publié au début de 1886. Traduit de l'Allemand, en collaboration. Arrangé et augmenté d'une *Préface*, d'une *Introduction* et de *nombreuses Notes*. Prix : 3 fr. 50.

3. — **Ptomaïnes et Leucomaïnes.** Revue générale de 63 pages in-4 (composition très compacte en caractères nº 7). — In « *Revue des Sciences médicales* » de janvier et avril 1888, t. XXXI, p. 296, 704.

4. — **TRAVAUX DE LABORATOIRE.** — T. Iᵉʳ. **Nouveau Matériel de Laboratoire et de Clinique à l'usage des Physiologistes expérimentateurs, Médecins praticiens, Vétérinaires, Anatomistes, etc.,** 1 vol. grand in-8º raisin de 342 pages, avec 54 planches, comprenant 85 figures, dans le texte. — (*Honoré d'une Mention, par l'Institut de France, (Académie des Sciences)*). Doin, Edit. Paris. Prix : 7 fr.

B. — BROCHURES.

5. — Les alcaloïdes animaux devant la médecine légale. Revue générale de 11 pages in-4 (composition très compacte en caractères n° 7). — In « *Revue des Sciences médicales* », octobre 1888, t. XXXII, p. 729.

6. — Etude critique sur le service médical des Bureaux de bienfaisance de Paris. 12 grandes colonnes du « *Progrès médical* » de 1891, (n°ˢ des 11 juillet, 1ᵉʳ et 8 août).

7. — Nouveau matériel d'Attache, de Contention, d'Immobilisation, d'Enregistrement et d'Inscription. Mémoire de 75 pages, avec planches, déposé à l'*Académie des Sciences*, en janvier 1893 (Section du Prix Montyon).

8. — Auto-observation et Auto-expérimentation tendant à démontrer la nature et le mode d'action de l'Agent pathogène de l'Influenza, ainsi qu'à établir un traitement curatif et préventif de cette maladie. Mémoire lu devant l'Académie de Médecine de Paris. (Séance du 10 juillet 1894). In *Revue de Médecine*, 10 août 1895.

C. — MÉMOIRES.

---

9. — **Arrêt rapide des contractions rythmiques des ventricules cardiaques sous l'influence de l'occlusion des artères coronaires.** (*Comptes-Rendus de l'Académie des Sciences, 10 janvier 1881*).

10. — **Muselière Immobilisatrice métallique universelle pour chiens, etc.** Comptes-Rendus de la Société de Biologie de 1894 (*Séance du 17 mars*).

11. — **Présentation de 18 appareils nouveaux pour physiologistes expérimentateurs, médecins vétérinaires, etc., au Congrès médical international de Rome (Section de Physiologie), le 5 avril 1894.** — Voir : Atti Dell. XI, Congresso medico internazionale, T. II, p. 196.

12. — **Mors ouvre-gueule pour chiens, etc.** — Comptes-rendus de la Société de Biologie de 1894 (*Séance du 19 mai*).

13. — **Chaîne-Collier universel stérilisable.** — Comptes-rendus de la Société de Biologie de 1894 (*Séance du 9 juin*).

14. — **Immobilisateur-Suspenseur.** — Comptes-rendus de la Société de Biologie de 1894 (*Séance du 9 juin*).

15. — **Nouvelles recherches sur la Pyrétogénine.** — In Comptes-Rendus de la Société de Biologie (*Séance du 30 mars 1895*).

16. — **Action des agents physiques sur les propriétés pyrétogène et diastasique de l'invertine.** — *Action de la chaleur sur la propriété pyrétogène de l'invertine.* — In Comptes-Rendus de la Société de Biologie (*Séance du 27 avril 1895*).

17. — **Procédé permettant d'éviter les erreurs dues à l'altérabilité de la liqueur de Fehling.** — In Comptes-Rendus de la Société de Biologie de 1895. *(Séance du 25 mai).*

18. — **Résistance de la propriété diastasique de l'invertine à l'action destructive de la chaleur.** — Comptes-Rendus de la Société de Biologie de 1895 *(Séance du 25 mai).*

19. — **Grand Enregistreur polygraphique, à mouvement réversible, pour inscriptions de longues durées.** — Comptes-Rendus de la Société de Biologie de 1898 (*Séance du 24 décembre*).

20. — **Tambour à encrier inscripteur équilibré.** — Comptes-Rendus de la Société de Biologie de 1899 (*Séance du 28 janvier*).

21. — **Dérouleur-Enrouleur, à mouvement réversible, permettant de faire l'étude des courbes sur de grandes étendues.** — Comptes-Rendus de la Société de Biologie de 1899 (*Séance du 28 janvier*).

29.—**Nouvel Ouvre-bouche permettant d'ouvrir la bouche de l'homme sans rien y introduire.** — Comptes-Rendus de la Société de Biologie de 1899 (*Séance du 20 mai*).

30.—**Tablettes d'Immobilisation pour petits quadrupèdes : lapins, cobayes, grenouilles, etc.** — Comptes-Rendus de la Société de Biologie de 1899 (*Séance du 20 mai*).

31.—**Table de Dissection et de Démonstration.** — Comptes-Rendus de la Société de Biologie de 1899 (*Séance du 20 mai*).

32.—**Nouvelle Niche hygiénique, démontable et stérilisable, pour chiens, etc.** — Comptes-Rendus de la Société de Biologie de 1899 (*Séance du 3 juin*).

33.—**Nouvelle cage métallique pour chiens, etc.** — Comptes-Rendus de la Société de Biologie de 1899 (*Séance du 10 juin*).

34.—**Cage métallique pour lapins, cobayes, etc.** — Comptes-Rendus de la Société de Biologie de 1899 (*Séance du 10 juin*).

35.—**Collier-Préhenseur pour chiens, etc.** — Comptes-Rendus de la Société de Biologie de 1899 (*Séance du 17 juin*).

36.—**Collier-Préhenseur perfectionné, rétrécissable et limitable à distance, pour chiens, etc.** — Comptes-Rendus de la Société de Biologie de 1899 (*Séance du 24 juin*).

44. — **Recherches expérimentales sur la Pathogénie
de la fièvre** (avec trois figures dans le texte) ;

45. — **Théorie générale sur la Nature et les Rôles
physiologique, pathogène et thérapeuthique
des Diastases ou Ferments solubles.**

Ces deux derniers Mémoires, comprenant 70 p. in-8,
lus devant l'Académie de Paris *(séances des 12 février
et 12 mars 1889),* honorés de remerciements (*Bulletin de l'Académie, 12 novembre 1889*), couronnés du
*Prix Perron « décerné tous les 5 ans au Mémoire qui
paraît le plus utile au Progrès de la Médecine »*
(1890), insérés dans le « Recueil des Mémoires » de
cette Académie, t. XXXVII, fasc. I, augmentés de *Notes*
et de *Remarques* hors texte, sont, avec les trois précédents, réunis à l'Ouvrage indiqué ci-après :

46. — **Aperçu historique sur les Ferments et les Fermentations normales et morbides** s'étendant
des temps historiques les plus reculés à l'année
1900. Vol. in-8º de 438 p. (avec les Mémoires annexés).
Rousset, édit. Paris.

INTRODUCTION

I

La *Science* exerce une influence croissante sur toutes les intelligences. Les immenses services qu'elle a rendus dans le passé, ceux, infiniment plus grands, encore, qu'elle nous promet pour l'avenir, les profondes *émotions intellectuelles* qu'elle fait naître dans les esprits d'élite, tout concourt, pour en faire la *Déesse* de l'époque.

Et cette *Déesse*, dont la majesté et la puissance sont incomparables, étend, de plus en plus, son empire, sur tous les domaines où s'exerce l'activité humaine.

Elle remplace les erreurs et les obscurités, les ténèbres et les mystères de la vieille *Ontologie théologico-métaphysique*, sans cesse refoulés par les *Progrès de la Raison* pratique et théorique, philosophique et religieuse. Elle tend à tout conquérir, à tout subjuguer. Et elle y parviendra, fatalement, pour le plus grand bonheur de l'Humanité.

II

Séduits par tant de majesté et de puissance, beaucoup de jeunes hommes appartenant à l'élite intellectuelle et studieuse sentent naître, en eux, le *Culte de la Science*. La *Vocation scientifique* les charme. Ils se sentent irrésistiblement attirés par la *Science*. Abandonnant tout, ils se consacrent, âme (1), corps et biens, au *Progrès de la Science*, sans se soucier de leur avenir personnel.

En vrais *Volontaires des Progrès de la Science positive et de la Pensée*, animés du pur *Feu sacré*, ils marchent à la conquête des *Vérités scientifiques*, de l'*Idéal scientifique*.

Ils concourent, ainsi, directement, à l'édification du *Capital mental, moral* et *matériel*, et, conséquemment, à l'édification de la prospérité, de la puissance, de la grandeur et de la gloire de leur Patrie et de l'Humanité.

Le nombre de ces *Volontaires du Progrès*, déjà grand, augmente sans cesse et croîtra, sans doute, de plus en plus, dans l'avenir.

(1) Ce mot exprime, ici, l'ensemble des *Travaux subjectifs*.

III

Malheureusement, ces *Volontaires*, le plus souvent, pauvres ou peu fortunés, sont loin de trouver, dans l'exercice de leur activité scientifique, les ressources nécessaires à la satisfaction des besoins élémentaires de leur famille ou même de leurs besoins personnels, cependant, bien modestes. Les traitements qui leur sont alloués, quand ils en reçoivent, sont absolument insuffisants, dérisoires.

Malheur à eux, souvent, si ils ont eu la témérité de vouloir concourir, par le *Progrès scientifique*, au bonheur des autres, sans posséder, au préalable, une fortune matérielle personnelle.

Après avoir longtemps et durement travaillé, après avoir, souvent, doté leur Patrie et l'Humanité de découvertes que le temps fera sûremeut fructifier, *mais non à leur profit*, ils tombent, eux et leurs familles, dans l'indigence et la mendicité plus ou moins déguisées. Ils meurent, trop souvent, dans le dénuement et le désespoir, victimes de leur dévouement à la *Science* et du *Progrès* que leur *Génie* lui a fait accomplir.

Trop heureux, encore, si, après avoir subi, de la part de leurs contemporains aveuglés par l'ignorance ou les mauvaises passions, les risées, les vexations, les outrages, les sauvages révoltes, toutes sortes de tortures morales, ils ne succombent pas sous les coups sacrilèges de ceux qui devraient le plus les protéger, les aimer, les admirer et les honorer.

Bien plus, les *Volontaires des Progrès de la Science et de la Pensée* sont, non-seulement, *paralysés* par les soucis quotidiens de la vie matérielle, mais, ils sont *paralysés*, encore, par le manque ou l'insuffisance des ressources expérimentales nécessaires pour entreprendre ou continuer leurs recherches scientifiques. Ils sont, beaucoup trop souvent et beaucoup trop, *délaissés, abandonnés.*

IV

La France perd, ainsi, la plus grand partie de sa *Force intellectuelle et scientifique.* Jamais, cependant, elle n'a eu un plus impérieux besoin de la féconder. Et, en effet, son prestige, sa richesse, sa puissance, sa gloire, tous ses biens, sont de plus en plus menacés par les appétits sans cesse grandissants des nations rivales.

Depuis longtemps, déjà, de grandes voix, pleines d'autorité et de sympathie, ont signalé le mal et le danger, avec une grande élévation de pensée et de sentiment. Parmi elles, celles de *Pasteur*, de *J.-B. Dumas*, de *E. Frémy*, ont été particulièrement éloquentes. Et tout récemment, M. *E. Lavisse* y a joint, encore, la grande autorité de son jugement.

Leurs cris d'alarme et de détresse ont été entendus. Ont-ils été suffisamment compris ! Il est permis d'en douter.

De grands sacrifices ont été faits. Ils constituent, certes, de beaux titres de gloire pour notre troisième *République*. Jamais, aucune Doctrine sociale, aucun Gouvernement, ne se sont montrés aussi soucieux de développer la *Science*, d'étendre et de fortifier son empire.

V

Mais, malgré tout, ces sacrifices sont, encore, tout à fait insuffisants. Ils ne représentent qu'une première étape, dans la large et longue voie qui reste à parcourir.

L'activité scientifique est, beaucoup trop souvent, encore, incohérente et stérile. Il faut *Organiser puissamment la recherche des Progrès de la Science positive et de la Pensée*. Il appartient à notre *Grande*

République, qui a déjà tant fait pour améliorer, successivement, les enseignements primaire, secondaire, supérieur, théoriques et pratiques, de toutes catégories, d'organiser largement et solidement, maintenant, dans toutes les directions, le *Travail d'investigation et de conquête des vérités scientifiques.*

Il faut que les *Volontaires des Progrès de la Science positive et de la Pensée* soient, non seulement délivrés de tous les grands soucis de la vie matérielle, pour qu'ils puissent se livrer, entièrement, à la recherche du *Progrès scientifique,* mais encore, qu'ils aient, toujours, toutes les facilités, pour entreprendre et poursuivre leurs investigations.

VI

La France a fait de grands sacrifices pour réorganiser l'*Armée de la Lance qui détruit.* Elle doit en faire, désormais, de beaucoup plus grands, encore, pour organiser l'*Armée de la Science qui féconde.*

La *Science* étant la grande *Source* d'où jaillissent la *Richesse,* la *Puissance,* la *Gloire* et la *Grandeur,* c'est-à-dire, la *Mère* de tous les *Biens intellectuels, moraux* et *matériels,* on ne fera jamais trop pour la développer. Les sacrifices faits pour la répandre ou l'agrandir engendrent, nécessairement, pour le présent et surtout pour l'avenir, des revenus incalculables.

Une *Grande Doctrine Scientifique* (philosophique, artistique, économique, politique, sociale, morale et religieuse) soutenue, au besoin, par une *Grande Armée*, tel doit être l'*Idéal de la France*.

La *Pensée* qui commande et l'*Outil* qui exécute, l'*Epée* et le *Canon*, la *Roue* et l'*Hélice*, voilà les grandes bases nécessaires de la *Suprématie* de notre bien-aimée *Patrie* sur le reste de l'*Humanité*.

VII

Il faut donc créer un *Budget spécial* pour les *Explorateurs de l'Inconnu*, c'est-à-dire, pour les *Volontaires des Progrès de la Science positive et de la Pensée*. Et les Pouvoirs publics, les Associations industrielles, commerciales, financières et autres, les *Riches*, tout le Monde, en un mot, doivent combiner leurs efforts et leurs sacrifices, pour constituer et alimenter un *Grand Budget du Progrès de la Science positive et de la Pensée*.

C'est leur suprême Intérêt et c'est leur suprême Devoir.

Ce *Grand Budget* formé, il faudra créer et organiser un Centre puissant d'activité scientifique originale, théorique et pratique.

Il faudra créer, au-dessus de la nouvelle et puissante *Université de Vulgarisation des Connaissances positives* et pratiques, c'est-à-dire du *Connu*, une vaste et puissante *Université spéciale des Progrès de la Science positive et de la Pensée*.

Et cette *Université spéciale* doit être absolument libre, largement ouverte à n'importe qui, quel qu'il soit, d'où qu'il vienne, quelle que soit la variété de son activité théorique et pratique, à la condition unique qu'il soit un vrai *Volontaire des Progrès de la Science positive et de la Pensée*, animé du *Feu sacré* qui pousse, sans cesse, celui qui le porte dans son cœur, à purifier et à agrandir le *Domaine du savoir positif et de la Pensée*.

VIII

Du reste, la création d'une telle *Université* ne serait pas, ce semble, *absolument* nouvelle. Elle existe déjà, en effet, selon moi, dans un état embryonnaire et encore mal défini, il est vrai, avec le vieux et glorieux *Collège de France*, ainsi qu'avec la jeune *Ecole pra-*

tique des Hautes-Etudes et ses *Laboratoires de Recherches.*

Pour réaliser l'*Université rêvée*, il suffirait, tout simplement , de développer ces différents centres d'études, de les compliquer, autant que l'exigent, actuellement, ou l'exigeront, dans l'avenir, les multiples formes du *Progrès*, de les réunir et de les organiser, enfin, en un grand et puissant *Organisme d'investigation et de création scientifique.*

En organisant cette *Université spéciale* , notre *Grande République* achèvera l'Œuvre grandiose de réorganisation universitaire qu'elle édifie depuis trente ans. Elle méritera, ainsi, le surnom de *Mère des Progrès* que l'Histoire reconnaissante lui décernera. Et ce sera, là, son titre le plus glorieux, aux yeux de la *Patrie* et de l'*Humanité.*

Il faudra, assurément, dépenser des trésors pour atteindre le but indiqué. Mais, qu'est-ce donc que le *Capital matériel* comparé au *Capital mental* ? Bien peu de chose, puisque, sans lui, il ne pourrait exister.

IX

On trouvera tous les trésors nécessaires, si on veut bien se donner la peine de les chercher, avec ardeur et persévérance. J'en ai la ferme espérance.

La *Foi théologico-métaphysique* en décadence a bien su accumuler des millions, pour édifier, sur le sommet de Montmartre, la magnifique basilique du *Sacré-Cœur* qui aspire à dominer, quand même, la « *Grande Ville-Lumière* ».

La *Foi scientifique* sans cesse grandissante saura bien, aussi, je le crois fermement, accumuler encore plus de millions, pour édifier et consacrer, aux *libres Progrès de la Science positive et de la Pensée*, des *Temples* vraiment dignes de la *Grande Ville-Lumière*, de la *France* et de la *Science*.

Cependant, il ne faut point se le dissimuler, la réalisation de l'*Idéal rêvé* présente des difficultés qui sont bien au-dessus des forces d'un seul homme, quel qu'il soit. Le concours d'un certain nombre d'hommes d'élite, vraiment compétents, persévérants et dévoués, est nécessaire.

Que les meilleurs, parmi les *Amis des libres Progrès de la Science positive et de la Pensée* veuillent donc bien se former en *Société*, et l'*Université projetée* sera sûrement et convenablement réalisée.

Certes, je n'ignore pas que, tel qu'il est, mon travail est fort incomplet, qu'il ne contient guère que des vues générales. Je ne veux pas l'étendre davantage, aujourd'hui. Mais, je me propose de lui donner, plus

tard, les développements exigés par la haute importance des questions qui y sont présentées.

Je sais, aussi, que les idées exposées, ici, ne seront
point adoptées par tous, qu'elles rencontreront même
des adversaires acharnés et redoutables.

Mais, quel que soit l'adversaire, et quel que soit le
sens de son opinion, je le prie, instamment, d'être
bien convaincu que je n'ai été poussé à publier le
présent travail que par le pur *Amour de la Vérité*,
que par le désir passionné de voir notre *France* bien-
aimée se placer et se maintenir, toujours, à la tête des
Progrès de la Science positive et de la Pensée, et,
conséquemment, à la tête de l'*Humanité* (1).

(1) Je prie, aussi, l'*Adversaire*, de même que le *Partisan* de
mes idées, de vouloir bien me faire parvenir leurs opinions
personnelles, quelles qu'elles soient, à mon domicile, *38, quai
d'Orléans, Paris*. Elles seront, toutes, accueillies avec la plus
vive et la plus sincère reconnaissance.

Remarques. — Le présent *Travail* a son origine dans une
partie d'un *Mémoire* qui a paru au début du volume que j'ai
publié sous le titre d' « **Aperçu historique sur les Ferments et
les Fermentations normales et morbides s'étendant des temps
les plus reculés à l'année 1900** », in-8° de 438 pages. Rousset,
éditeur, Paris.

La question, succintement *exposée* ici, et simplement *indiquée* dans le *Mémoire* en question, ayant, aujourd'hui, *la plus
haute importance*, surtout, pour la *France*, j'ai estimé qu'il
ne serait pas inutile de la reprendre, d'en compléter l'étude
et d'en faire une publication spéciale. De là, le présent vo-
ume.

Paris, le 1er avril 1901,

PREMIÈRE PARTIE

LA SCIENCE, LA MÉTAPHYSIQUE ET LE PROGRÈS

CHAPITRE I

DÉFINITION DES TERMES DU SUJET

Bien qu'il soit très facile de comprendre ce que signifient les expressions littéraires qui constituent le titre du présent travail, cependant, il ne me semble pas inutile de donner, tout au début de ce travail, au moins, quelques explications très sommaires sur le *sens* que j'attribue à chacune de ces expressions.

Du reste, à défaut d'utilité, cette façon de procéder aurait, au moins, le mérite d'être logique et conforme aux principes de la Méthode de composition littéraire et d'exposition qu'un auteur, quel qu'il soit et quel que soit son sujet, ne doit jamais perdre de vue.

J'indiquerai donc, immédiatement et très rapidement, ce que signifie le titre de mon travail.

§. 1 — Origine objective de la Science

Le *Savoir* ou la *Science*, c'est-à-dire, la *Vérité positive*, comprend, selon moi, *quatre ordres fondamentaux* de *degrés* qui présentent, chacun, les caractères énumérés ci-après :

1° L'*Observation* certaine d'un phénomène **ou** événement quelconques, c'est-à-dire, d'un *fait évident*. C'est le *premier degré de la Science*.

2° La *Prédiction empirique* absolument sûre d'un *fait quelconque, connu, mais non encore expliqué*, démontrée par l'expérience provoquée ou par la répétition spontanée, naturelle, du fait, prédiction toujours et partout redémontrable. C'est le *deuxième degré de la Science*.

3° La *Théorisation positive* ou *Explication*, expérimentale et raisonnée, de la genèse d'un *fait* quelconque, c'est-à dire, la *démonstration* de la constance des successions et des relations des faits antécédents dont le phénomène considéré est le *fait capital*, la *résultante*, c'est-à-dire, encore, la démonstration de la *filiation des faits antécédents* engendrant le *fait capital considéré* ou la *Théorie positive du fait*. C'est le *troisième degré de la Science.*

4° Enfin, la *Prévision théorique, infaillible et objectivement vérifiable, du Devenir*, c'est-à-dire, la *Prévision* d'un Evènement ou d'un Etat encore *inconnus*, cachés, mais, *nécessairement* contenus dans un *Etat connu*, puis, dégagés de cet Etat par le raisonnement et l'expérience provoquée ou spontanée. C'est le *quatrième degré de la Science* et c'est le degré le plus avancé.

Telle qu'elle est sommairement exposée, dans les *quatre alinéas* ci-dessus, l'explication de la *Nature de la Science* est, encore, loin d'être suffisante.

Je n'ai examiné, en effet, dans ces quatre alinéas, à peu près uniquement, que l'*Origine objective de la Science.*

§ 2. — Origine subjective de la Science

La *Science* a une 2ᵉ origine qui se trouve dans l'*Observateur*, lui-même, et, tout particulièrement, dans son *Système nerveux*, et, plus spécialement, encore, dans son *Système cérébral*. Elle a une *Origine subjective*, c'est-à-dire, *cérébrale* ou *mentale*.

Cette *Origine subjective* est, naturellement, subordonnée à l'*Origine objective*. Elle en est, toujours, la conséquence directe ou plus ou moins indirecte.

L'*Etat objectif*, c'est-à-dire, *le* ou *les phénomènes objectifs* considérés, excite la matière vivante et, plus spécialement, les terminaisons sensitives du système nerveux qui réagit en engendrant, dans les constructions moléculaires de ses fibres centripètes et de ses cellules, des séries de mouvements physico-chimiques qui constituent un *Etat subjectif* plus ou moins *conscient*, encore fort mystérieux.

Cet *Etat subjectif*, c'est-à-dire, *cérébral* ou *mental*, est toujours identique à lui-même, si il est engendré dans les mêmes constructions moléculaires des mêmes fibres et des mêmes cellules nerveuses, par un même *Etat objectif*.

Il est comme l'*Image de l'Objectif* dont le *Système cérébral* est le *Miroir*.

Il résulte, de là, des *Relations constantes* et une sorte d'*Equation*, plus ou moins rapprochée de la perfection, entre l'*Etat objectif* et l'*Etat subjectif*.

Toutes ces considérations sont, encore, bien *implicites*. Je le sens fortement. Pour les rendre tout à fait *explicites*, il serait nécessaire d'examiner, en détail et minutieusement, tous les *processus de la Psy-chogénèse*.

Je ne puis entreprendre un tel **examen** dans le présent travail, mais, je me propose de le faire en temps et lieu convenables.

§ 3. — Nature et **Définition** de la **Science**

En définitive, on peut donc définir la *Science*, c'est-à-dire, le *Savoir* ou *Vérité positive* :

Une *Relation constante*, tendant de plus en plus à l'*Egalité*, entre un *Etat objectif* donné et son *Etat subjectif*, c'est-à-dire, **cérébral** ou *mental*, correspondant.

Et cet *Etat objectif* qui, considéré dans ses quatre ordres fondamentaux de **caractères**, *statiques*, *cinétiques*, *dynamiques* et *mathématiques*, constitue l'origine et la base de l'*Etat subjectif*, peut-être indéfiniment simplifié ou compliqué.

Il peut être aussi bien l'Univers tout entier, considéré dans son infinie et incompréhensible immensité ou le *groupement toroïde* des innombrables particules matérielles à potentiel différent du *dernier des Atomes*, que n'importe quel *Etat* placé entre ces deux limites extrêmes, en passant par n'importe quel être vivant et l'Humanité ou l'une quelconque de leurs parties.

La *Réalité objective démontrée*, c'est-à-dire, *vérifiée* (1), du monde extérieur, représente donc, en somme, l'origine, la base de la *Connaissance* (2) ou *Science*.

Cette *Réalité* corrige toujours, nécessairement, un jour ou l'autre, l'*État subjectif* et ses diverses expressions (littéraires, picturales (géométriques et coloriées), musicales, etc.), toutes nos Pensées qui s'en écartent, si peu que ce soit.

Le Monde extérieur est, ainsi, pour notre Intelligence, à la fois, un *excitant*, un *aliment* et un *régulateur*.

L'*Erreur* existe chaque fois que l'expression du *Subjectif* ne correspond pas, avec une *exactitude absolument parfaite*, à un *État objectif actuel* ou surement capable de le devenir, c'est-à-dire, au *Devenir*, ou, aussi, à un *État objectif passé*. Elle est d'autant plus grande qu'elle s'en écarte davantage.

---

(1) Faite *vraie*, par notre observation de l'*Objectif* et notre raisonnement.

(2) Connaissance ou Con-naissance, de *Nascere*, naître, et *cum*, avec : Un phénomène ou un état engendré par un autre phénomène ou un autre état, ou, encore, l'*État subjectif conscient* engendré par l'*État objectif*.

Et comme l'expression du *Subjectif* ne peut pas et ne pourra, sans doute, jamais, représenter, d'une façon *absolument parfaite*, la *Réalité objective*, il s'en suit, évidemment, que tous ses différents modes, plus encore que leurs *États subjectifs* correspondants, contiennent une part d'erreur plus ou moins grande.

Mais, cette part d'erreur ira toujours en diminuant, si l'*Esprit* reste ou devient, de plus en plus, *scientifique*, si il procède en se conformant rigoureusement aux règles sévères de la *Méthodologie positive*.

§ 4. — Etat scientifique et Etat métaphysique

Tout ce qui précède porte, naturellement, à penser à la *Métaphysique*, à rechercher quelles sont les analogies qui la rapproche de la *Science* et quelles sont les différences qui l'en éloignent.

Je vais donc indiquer, ici, mais, très succinctement, car je me propose d'examiner ailleurs et longuement la question, ce que j'entends par *Métaphysique*. Je le ferai en établissant un très court parallèle entre l'*Etat scientifique* et l'*Etat métaphysique*.

Il résulte, du contenu des paragraphes précédents, qu'il y a *Etat scientifique* lorsque l'*Etat subjectif* et ses diverses expressions figurées correspondent, exactement, à un *Etat objectif* donné, passé, actuel ou futur, c'est-à-dire, à une partie plus ou moins grande du monde extérieur, de la *Nature* (φύσις) ou *Physique*, toujours réelle et *rigoureusement démontrable*.

Conséquemment, il y a *Etat métaphysique* (de μετα, à coté de, au dessus de, en dehors de, au delà de, etc., et φύσις, Nature ou Physique) lorsque l'*Etat subjectif* et ses diverses expressions ne correspondent aucunement avec un *Etat objectif* donné, passé, actuel ou futur, c'est-à-dire, avec une partie plus ou moins grande du Monde extérieure, de la Nature ou Physique. L'*Etat métaphysique* correspond, ainsi, au *Sur-naturel*, conception stupéfiante, écrasante, qui ne semble être qu'une pure *Fiction*.

Le *sens* de l'expression littéraire « *métaphysique* » et, conséquemment, le *sens* de l'*Etat subjectif* dont cette expression est le signe synthétique, ainsi compris, ne correspondent donc, rigoureusement, qu'au *Néant*, c'est-à-dire, qu'à l'*Erreur*.

Cependant, même en parlant de la *Métaphysique*, il faut se garder d'être *absolu* dans la façon de l'interpréter.

Il est juste de reconnaître qu'un *Etat subjectif métaphysique* et ses différentes expressions littéraires ou autres correspondent, presque toujours, sinon absolument toujours, et dans une proportion très variable, plus ou moins grande ou plus ou moins petite, à un *Etat objectif connu*.

L'*Etat métaphysique* contient une certaine quantité d'*Etat scientifique*. C'est un *mélange*, en proportions très variables, de *Connaissance positive*, d'*Erreur*, d'*Hypothèse* et d'*Utopie*.

Ces deux dernières parties, l'*Hypothèse* et l'*Utopie*, peuvent être, souvent, à leur tour, divisées, chacune, en deux parts :

1° Une part *vérifiable*, c'est-à-dire, transformable en *Vérité positive*, en *Etat scientifique*, avec les *Méthodes* qui sont déjà connues ou d'autres que l'on peut inventer ;

2° Une part qui est, actuellement, et qui paraît devoir rester toujours *invérifiable*.

Quoiqu'il en soit, le lot composé des parts d'*Erreur*, d'*Hypothèse* et d'*Utopie* est toujours prépondérant, et même, beaucoup plus grand que la partie représentée par la *Connaissance positive*. Et c'est pour cette raison caractéristique que le *mélange* reçoit le nom d'*Etat métaphysique*.

Mais, on le conçoit bien, les valeurs de ces différentes parties constituantes ne sont pas toujours invariables. L'*Erreur* peut diminuer ou disparaître, l'*Hypothèse* et l'*Utopie* peuvent être plus ou moins *vérifiées*. Et alors, l'*Etat métaphysique* baisse de plus en plus, au profit de la *Connaissance positive*, et il peut être transformé en *Etat scientifique* vers lequel il tend.

On comprend que l'*Etat métaphysique* ne vaut, presque toujours, que par la valeur de la part de *Connaissance positive* qu'il contient.

On peut faire un raisonnement analogue pour l'*Etat scientifique* et ses différents modes d'expression. Cet *Etat* est bien, en effet, lui aussi, un certain *mélange* de *Connaissance positive*, d'*Erreur*, d'*Hypothèse* et même, quelquefois, d'*Utopie*. Mais, la caractéristique de cet *Etat* consiste en ce que ces différentes parties du *mélange* sont, comparativement à celles de l'*Etat métaphysique*, en proportions inverses. Les parts d'*Erreur* et d'*Hypothèse* sont très réduites et tendent vers la limite 0°, alors que la part de la *Connaissance positive* tend vers le maximum de perfection dont elle est, souvent, très voisine. Et c'est pour ces raisons que cet *Etat* doit être appelé *Etat scientifique*.

Il constitue le fond de notre *Capital mental, moral et matériel.*

Il faut bien se garder de confondre ces deux sortes d'*Etats*. Souvent, en effet, on considère comme *Etat scientifique* un *Etat* surtout *métaphysique*, et, inversement, on admet, aussi, quoique bien plus difficilement, comme *Etat métaphysique*, un *Etat* plus ou moins *scientifique*. La confusion peut être assez difficile à éviter, et c'est regrettable, car la science n'a rien à y gagner. Par contre, elle peut y perdre de son prestige.

§ 5. — Esprit scientifique et Esprit métaphysique

A chacun des deux *Etats* indiqués dans le paragraphe précédent correspond un *Esprit spécial*, c'est-à-dire, un ensemble de caractères distinctifs que manifeste l'entendement, soit dans son orientation générale, dans le choix et l'étude des problèmes, ainsi que dans les solutions qu'il en donne, soit dans la façon de concevoir les choses, en général, l'Univers, l'Homme et l'Humanité, soit, surtout, dans la Méthode générale qu'il emploie pour rechercher et dégager la vérité.

Il y a, ainsi, un *Esprit scientifique* et un *Esprit métaphysique*. Esquissons, à grands traits, leurs caractères distinctifs.

A. — Esprit scientifique.

L'*Esprit scientifique* procède avec lenteur, mais toujours avec sagesse. Sa grande préoccupation consiste à édifier solidement la *Connaissance*. Il cherche à *démontrer* rigoureusement et ses *démonstrations* sont basées sur l'*Observation directe*, faite au moyen des différents sens, des phénomènes, des êtres, des divers états, plus ou moins simples ou compliqués, engendrés spontanément ou par des expériences préméditées.

Placé en présence d'un *Etat objectif* quelconque, c'est-à-dire, en présence d'un *Système* quelconque, ce qui est la même chose, puisque les deux expressions littéraires « *Etat objectif* » et « *Système* » représentent, pour moi, un même *Objet* ou un même *Etat* quelconque, il veut en étudier le mécanisme, jusque dans ses parties les plus infimes et les plus profondément cachées. Il veut tout fouiller, tout pénétrer, mais à l'aide d'une méthode sévère.

Il s'efforce de déterminer les *propriétés statiques* de l'*Etat objectif*, c'est-à-dire, ses parties constituantes, leur nombre, leurs formes, leurs positions respectives et leurs différentes connexions, puis, les *propriétés dynamiques* de chacune de ces parties constituantes, c'est-à-dire, leur rôle et leur fonctionnement spécial, les variations de leurs fonctions, leurs relations, les actions et les réactions réciproques que ces fonctions exercent entre elles.

L'*Esprit scientifique* s'efforce, surtout, de dégager la *Constance* qui se trouve au fond de toutes ses *variations*, c'est-à-dire, la *Loi* qui les régit.

Il pousse même l'audace, jusqu'à chercher à *mesurer* ces différentes *variations réciproques* et à dégager les *relations*, variables ou constantes, de leurs *valeurs*, afin de pouvoir *formuler* des prévisions vraiment certaines et exactes, c'est-à-dire, des *Prévisions mathématiques*, plus ou moins indirectes.

En s'efforçant, progressivement, de *Connaître* toutes les *propriétés statiques* et *dynamiques* d'un *Système quelconque*, vivant ou non vivant, de dégager toutes les *relations concrètes* et *abstraites*, actuelles, passées et futures, de ces *propriétés*, de dévoiler la *Constance des Lois* qui règne et gouverne, au fond de leurs innombrables *variations réciproques*, directes ou plus ou moins indirectes, en s'efforçant d'étendre, sans cesse, cette *Connaissance* à toutes les variétés de relations concrètes et abstraites que le *Système considéré* affecte, nécessairement, avec tous les *Systèmes quelconques* de plus en plus grands et compliqués qui l'enveloppent, jusques et y compris l'Univers, l'*Esprit scientifique* aspire à connaître l'*Ordre immuable*, et les différentes *Lois* qui le constituent, c'est-à-dire, la *Raison*, qui règne et gouverne dans chaque Système, de même que dans l'ensemble de tous les Systèmes.

Or, s'efforcer de connaître l'*Ordre* ou *Raison* qui règne et gouverne dans la *Partie* comme dans le *Tout*, c'est aspirer à connaître *Dieu*, car *Dieu*, c'est l'*Ordre*, et l'*Ordre*, c'est *Dieu*, lui-même.

Mais l'*Esprit scientifique* ne doit pas aller plus loin. Il ne doit point chercher à connaître, encore un *Créateur surnaturel* de cet *Ordre*, un *Législateur*. Il tomberait dans la pure *Métaphysique* où il sombrerait infailliblement.

Voilà, j'en suis profondément convaincu, un terrain d'entente sur lequel le vieil *Esprit théologico-métaphysique* assagi par les défaites, la stérilité et la décadence peut se fusionner avec le jeune, vigoureux et fécond *Esprit scientifique*.

Que de choses intéressantes et importantes il y aurait à dire sur les avantages que l'homme et ses différentes sociétés retireraient d'une telle fusion !

Cette fusion se fera, sans doute, un jour, en donnant naissance à une grande *Doctrine scientifique*, *philosophique* et *religieuse* qui ralliera, enfin, définitivement, dans un concours harmonieux, toutes les intelligences, tous les sentiments et toutes les activités.

Quoiqu'il en soit de l'avenir d'une telle fusion, la conquête progressive et positive de l'*Ordre naturel* ou *Raison* doit toujours être la plus haute ambition de l'*Esprit scientifique*, ambition vraiment saine et féconde, parce qu'elle est la principale source de la puissance et de la richesse de l'homme et de ses sociétés.

Mais, conscient de sa faiblesse, comme de sa force, se sachant très sujet à l'erreur et craignant toujours de se tromper, l'*Esprit scientifique* s'avance, avec prudence et méthode, dans l'*Inconnu*. Il part des *États objectifs* les plus simples ou les mieux connus et s'applique à en explorer, à en fouiller minutieusement les frontières. Et il arrive, ainsi, à les élargir.

Il ne fait un nouveau pas en avant que lorsqu'il est bien sûr de la solidité du terrain conquis. De conquête en conquête, il agrandit et arrondit, ainsi peu à peu, mais sûrement, son domaine.

Et il marche, sans cesse, à la conquête de la *Connaissance* de l'*Homme* et du *Monde*, de l'*Humanité* et de l'*Univers*. Il marche à la conquête de l'*Ordre universel présent*, et, par lui, à la conquête de l'*Or-*

dre passé et de l'*Ordre futur* ou *Devenir*. Il marche, en un mot, à la conquête du *Dieu de la Science*.

B. — Esprit métaphysique.

L'*Esprit métaphysique*, qui s'est toujours confondu, plus ou moins complètement, avec l'*Esprit théologique*, et qui, pour cette raison, peut être désigné sous le nom d'*Esprit théologico-métaphysique*, procède, lui, d'une façon fort différente. Impatient de tout conquérir, de posséder toute la *Vérité*, la *Vérité absolue*, il ne peut se résigner à étudier sagement et à démêler lentement les innombrables questions de détails qui se dressent, en s'enchevêtrant, devant lui. Ce sont là de misérables entraves indignes de sa folle ambition, bonnes pour de simples manœuvres, mais non pour un grand seigneur comme lui.

Armé d'une certaine puissance de raisonnement, d'une grande subtilité et d'une grande force de pénétration, gonflé de suffisance et d'orgueil, il s'envole, dans toutes les directions et s'enfonce dans les régions inconnues, les plus profondes et les plus mystérieuses. Il explore l'*Origine*, l'*Essence* et la *Fin* de toutes choses. Il plane, majestueusement, sur l'*Absolu* qu'il prétend follement dominer et conquérir.

Malheureusement, il se perd, presque infailliblement,

dans ces régions profondément ténébreuses, et, cela sans que l'Humanité puisse retirer un profit réel et durable de ses nobles, mais téméraires efforts. Quand il en revient, il est chargé, surtout, de fragiles *fictions littéraires* qu'il considère comme les plus pures et les plus solides *Vérités*.

Aussi, arrive-t-il, souvent, qu'un violent coup de vent, soufflé par quelque *Génie scientifique*, lui brise les deux ailes. Et il retombe, lourdement, pour long-temps impuissant, sur les solides domaines de la *Science* positive, agrandis et fortifiés, en son absence.

Là, l'atmosphère de Vérité, claire, pure et bienfai-sante, qu'il y respire et qui l'imprègne, le fortifie. Il se régénère et ses ailes se soudent. Mais, bientôt après, oublieux des leçons du passé, non moins que de ses devoirs envers la *Science* qui l'a soigné et fortifié, il recommence ses envolées sans fin, sans se soucier du malheureux sort qui l'attend de nouveau.

C'est ainsi que nous voyons, dans l'Histoire de la Philosophie, l'*Esprit théologico-métaphysique* affirmer, avec une superbe assurance, la *Connaissance* de *Dieu*. de l'*Ame*, du *Beau*, du *Vrai*, du *Bien*, du *Mal*, de la *Santé*, de la *Maladie* du *Fluide*, de la *Force*, de l'*Origine*, de l'*Essence* et de la *Fin* de toutes choses, etc, etc, etc.

C'est ainsi que nous voyons, encore :

D'une part, l'*Esprit théologico-métaphysique* affirmer, avec une superbe assurance, que notre pauvre petite Planète est le Centre de l'Univers, que le Soleil, comme cet Univers, tourne autour d'elle, que l'Homme est le Centre, l'Être favorisé, créé à l'Image de Dieu, pour lequel ce Dieu a tout sorti du Néant, etc.;

Et, d'autre part, l'*Esprit Scientifique* renverser ces prétendues vérités évidentes, en démontrant, de la façon la plus rigoureuse, que l'*Esprit théologico-métaphysique* est dupe d'une illusion, du reste, très explicable et fort légitime, que c'est la Terre qui tourne autour du Soleil et autour de son propre axe, qu'elle n'est point le Centre de l'Univers, ni du Monde, mais un pauvre petit globule qui, comme tant d'autres, tourne gauchement, dans un petit coin de Univers, et que, quant à l'Homme, il est loin d'être prouvé qu'il soit le Centre, l'Etre favori, pour lequel Dieu à tout créé, etc.

C'est ainsi que nous voyons, aussi :

D'une part, l'*Esprit théologico-métaphysique* se contenter de mots vagues et creux, en affirmant que, si l'eau s'élève dans le tuyau de pompe où l'on a fait le vide, c'est que « la *Nature a horreur du vide* » ;

Et, d'autre part, l'*Esprit Scientifique* faire remar-

quer que, dans ce cas, la prétendue horreur de dame
Nature est limitée à *dix mètres*, puisque la colonne
d'eau ne peut pas monter plus haut, malgré le vide
du reste du tuyau, et démontrer, expérimentalement
et rigoureusement, que si l'eau monte dans le tuyau
vide d'air et ne monte que jusqu'à *dix mètres*, c'est,
tout simplement, parce que le poids de l'air qui presse
l'eau extérieure au tuyau, l'oblige a monter dans le
tuyau vide d'air et que la colonne d'eau ne cesse de
monter qu'au moment où son poids est égal au poids
de la colonne d'air qui comprime l'eau extérieure
à ce tuyau.

C'est ainsi que l'on voit, encore, l'*Esprit Scientifique* refouler l'*Esprit théologico-métaphysique*, dans
un très grand nombre d'autres cas que je ne puis
relater ici, en lui démontrant qu'il se nourrit de fictions littéraires, que ses prétendues explications ne
sont guère que des affirmations funtaisistes remplies
de vague et d'erreurs, c'est-à-dire, de *Métaphysique*,
et qu'il doit lui céder la place qu'il ne peut occuper,
dans tous les cas, que *provisoirement*.

§ 6. — Prépondérance nécessaire de la Science sur la Métaphysique

Si l'*Esprit théologico-métaphysique* bornait ses

ambitions à la libre exécution de ses envolées sans fin, et, même à leur libre enseignement, il serait peu redoutable. Mais, il n'en est point ainsi, ses prétentions sont tout autres.

Ainsi que je l'ai déjà fait remarquer plus haut, il se croit le plus avancé dans la *Connaissance,* il se croit en possession de la plus grande somme de *vérités,* de toute la Science, de la *Vérité absolue.* Et cette conviction le remplit d'orgueil, d'intransigeance et d'intolérance.

Il veut imposer ses convictions à tous les hommes, régner sur leurs sociétés, gouverner les intelligences, les cœurs et les activités. Il aspire, naturellement, à tout soumettre à sa domination.

Là se trouve le danger, un grand danger. Et pourquoi, direz-vous, peut-être ? Mais, tout simplement, parce que le vieil *Esprit théologico-métaphysique* a perdu son antique puissance. Il est devenu insuffisant, stérile, et perd, de plus en plus, sa prépondérance, dans l'ordre intellectuel, comme dans l'ordre temporel.

Après avoir régné et commandé, pendant des milliers d'années, en souverain omnipotent, intransigeant et intolérant, après avoir élevé, soutenu, consolé, enthousiasmé, la presque totalité de l'Humanité, après avoir arrêté, paralysé, tourmenté et torturé l'*Esprit scientifique* naissant et sans cesse grandissant, il a été vaincu par la *Science*, en d'innombrables combats livrés devant le tribunal de la raison humaine.

Et cet *Esprit scientifique* victorieux, devenu robuste et très fécond, le remplace ou tend, de plus en plus, à le remplacer dans l'exercice de sa souveraineté. Il aspire, légitimement, à faire une rénovation mentale et morale, à inculquer, à tous les hommes, des convictions communes, profondes et inébranlables, basées sur des preuves toujours et partout examinables, objectivement et logiquement démontrables, aux sens et à la raison de chacun et de tous.

Seul, cet *Esprit scientifique* est capable d'établir, dans l'entendement humain, un *Equilibre mental stable*, conciliable avec les *Progrès* indéfinis de la *Science* et de la *Pensée* et de faire briller, aux yeux de chaque homme et de l'Humanité, un *Grand Idéal* qui puisse rallier, dans un concours libre, harmonieux et durable, toutes les *Intelligences*, tous les *Cœurs* et toutes les *Activités*.

§ 7. — Place et Rôle de l'Esprit Métaphysique

Si l'*Esprit scientifique* doit exercer la souverai-

neté dans l'Ordre temporel, comme dans l'Ordre spi-
rituel, il ne doit pas étouffer l'*Esprit métaphysique*.
Du reste, le voudrait-il qu'il ne le pourrait pas, parce
que cet *Esprit* est encore et sera, sans doute, toujours
très vivace, et qu'il correspond à un besoin impérieux
de la nature humaine : le besoin de chercher à
éclaircir les plus profonds mystères et de s'abandonner aux plus beaux rêves.

Mais, il ne veut point l'étouffer, ni même le gêner.
Fort de sa Méthode, des services déjà rendus, des
résultats acquis et de ceux qu'il promet de conquérir,
l'*Esprit scientifique* n'a rien à craindre. Et puis, il
est, par nature, essentiellement libéral et tolérant. La
« *libre pensée* », la « *libre recherche* » et le « *libre
enseignement* » ont toujours été ses devises. Pour
être convaincu et se rallier, il ne demande simplement
que des *Prévisions objectivement et logiquement
vérifiables*.

L'*Esprit métaphysique* a donc sa place marquée à
côté de l'*Esprit scientifique*. Je dis « *à côté* », mais il
serait préférable de dire en *avant*. En effet, l'*Esprit
métaphysique* dérivant, surtout, du *Sentiment* qui,
malgré tout, représente la part d'activité prépondé-
rante de la nature humaine, il se trouve placé ainsi,
naturellement, à l'avant-garde du *Progrès de la*

Science et de la Pensée. Il pénètre ou cherche à pénétrer, en sentinelle avancée, sur l'immense champ de l'*Inconnu.* Là, il sonde les ténèbres de son regard ardent et pénétrant et il peut devenir un *éclaireur* très utile au Progrès de la Science positive et de son Armée. Il peut signaler, à cette *Science,* les écueils à éviter ou les positions à conquérir, et rendre, ainsi, de grands services au *Progrès.*

L'*Esprit métaphysique* peut trouver là, un rôle noble, grand et fécond. Qu'il soit donc libre de l'exercer tout à son aise, sans entrave.

Mais, qu'il renonce, de plus en plus, à vouloir exercer, de nouveau, la Souveraineté spirituelle et temporelle dont il a été justement déchu. Cette Souveraineté doit appartenir à la *Science* et à l'*Esprit scientifique.*

§ 8. — Définition du Progrès de la Science

Le *Progrès de la Science* correspond, tout simplement, à tout *développement* de l'une ou de l'autre des quatre grandes divisions de la *Vérité scientifique,* établies pages 14 et 15. On sent, ainsi, que le *Progrès* doit-être *indéfini* dans l'un ou l'autre de ces quatre *Ordres* des degrés du *Savoir.* Il existe donc, en définitive, quatre séries *indéfinies* de *Progrès.*

§ 9.—Définition du **Volontaire** des **Progrès**
de la Science

Par *Volontaire du Progrès de la Science*, il faut entendre, *celui* qui *veut* s'efforcer d'accomplir un développement dans l'une ou l'autre des quatre grandes catégories des degrés du *Savoir*, citées p. 14 et 15. Animé d'un amour désintéressé et pur, sincère et profond, pour la recherche des *Vérités scientifiques*, passionné pour un *Idéal scientifique*, il *veut* s'efforcer et s'efforce, avec persévérance, d'étendre, de plus en plus, l'empire de la *Science positive* sur l'immensité de l'*Inconnu*. Il est possédé du pur *Feu sacré*.

Son dévouement est mesuré par l'énergie de sa volonté qui, elle-même, est mesurée par l'étendue des sacrifices qu'il s'impose pour la Science. Et ces sacrifices, toujours grands, sont, souvent, sans bornes.

Sachons chercher, voir, reconnaître, respecter, soutenir, honorer et encourager, de toutes nos forces, ce précieux *Feu sacré*.

Sachons, aussi, ne pas confondre ce *vrai Volontaire des Progrès de la Science* avec le *faux Volontaire* qui, lui, ne cultive la Science, à peu près uniquement, que pour s'en parer et, surtout, pour en tirer profit. se faire une belle situation, très lucrative, et en jouir très largement.

Le *faux Volontaire de la Science* est tout-à-fait comparable au *faux Volontaire de la Lance* qui, lui aussi, n'embrasse la noble carrière militaire que pour vêtir son brillant uniforme et jouir des multiples avantages qu'elle procure.

La différence est grande entre ces deux espèces de volontaires. En effet, le *vrai Volontaire de la Science ou de la Lance* en meurt souvent, ou, tout au moins. souffre, presque toujours, de toutes les misères, alors que le *faux Volontaire* en vit et presque toujours *bien.*

§ 10. — Définition du délaissement des Volontaires du Progrès de la Science

Enfin, par *Volontaires délaissés des Progrès de la Science*, il faut entendre les Volontaires, définis comme il est indiqué ci-dessus, qui, soit par incurie ou par ignorance, soit par insuffisance d'énergie ou par toute autre raison, sont abandonnés, plus ou moins complètement, à leurs seules forces, ou insuffisamment excités, encouragés, aidés et soutenus dans la poursuite du *Progrès de la Science.*

CHAPITRE II

ORIGINES DES VOCATIONS SCIENTIFIQUES

§ 1. — Séductions naturelles de la Science

La *Science* possède, naturellement, une grande puissance de séduction.

Les intelligences même les plus médiocres, les moins cultivées et les plus ignorantes, les plus superstitieuses, et, conséquemment, les plus capricieuses et les plus arbitraires, les moins capables de réflexion et de raisonnement, les plus réfractaires à la discipline sévère de la *Méthodologie positive*, ne peuvent se soustraire complètement à son influence. Elles subissent, quand même, la puissance de sa séduction.

Quant aux *Esprits positifs* qui, au lieu de se payer de mots vagues, creux et stériles, aiment, au contraire, à alimenter leur raison de *solides et fécondes démonstrations*, ils éprouvent toujours un grand charme, en contemplant la force et la grandeur de la Science.

Quelle que soit la branche du Savoir que cultive, plus spécialement, l'un de ces Esprits, que cette branche soit la *Mathématique* ou la pure *Logique*, l'*Astronomie* ou la *Mécanique*, la *Physique* ou la *Chimie*, la *Biologie*, la *Sociologie* ou la *Morale*, les *Vérités positives* qui constituent cette branche et dont il s'imprègne lui font éprouver de grandes jouissances, de profondes *émotions intellectuelles*, et il se sent, de plus en plus, attiré, séduit et captivé par la Science.

§ 2. — L'enseignement théorique et pratique augmente, encore, la séduction naturelle de la Science.

La séduction naturelle de la Science est encore augmentée, non seulement par les Maîtres des divers degrés de l'enseignement théorique dont la fonction sociale consiste, précisément, à en faire ressortir et à en développer, le plus possible, les différents attraits, à subjuguer, ainsi, les intelligences qu'ils cultivent, mais encore, par les Maîtres des différentes branches de l'enseignement pratique (Agriculture et Aquiculture, Industrie et Commerce, Finance, Politique, etc., etc.).

Ces Maîtres de la *Pratique* contribuent à faire ressortir la séduction de la Science plus, peut-être, que les Maîtres de la *Théorie*, en objectivant, aux yeux de tous, et souvent, dans des proportions gigantesques, frappantes, stupéfiantes, les résultats de sa puissance.

Et notre merveilleuse Exposition universelle en a été, pendant plus de 7 mois, une preuve éclatante.

Enfin, les littérateurs, les poètes, les artistes de toutes catégories, en célébrant, de plus en plus, dans leurs œuvres, la grandeur, la puissance et l'avenir de la Science, contribuent, aussi, pour une large part, à placer les esprits et les cœurs sous l'influence de sa séduction.

§ 3. — La Science régénératrice
de l'Homme, des Sociétés et de l'Humanité.

La Science apparaît, de plus en plus, aux esprits positifs, non seulement, comme le grand instrument qui permettra de réaliser, indéfiniment et sûrement, le *Progrès théorique* et *pratique*, dans toutes les directions où s'exerce et s'exercera l'activité humaine, mais encore, elle apparaît, par l'ensemble des *Véri-*

tés dogmatiques qui la constituent, vérités toujours et partout discutables et démontrables, comme la seule *Doctrine* qui soit capable d'établir une *Conviction commune* inébranlable, un *Idéal commun*, comme la seule Doctrine qui soit capable de rallier, d'associer, de discipliner les esprits et les cœurs, tout en respectant la liberté de chacun, et de gouverner, ainsi, toutes les activités, dans un concours harmonieux et fécond, pour le plus grand bonheur de l'Individu et de la Société.

La *Science* porte, ainsi, en elle, une grande *Doctrine philosophique et religieuse* capable de régénérer les Hommes et leurs Associations.

§ 4. — Les Séductions de la Science engendrent les Volontaires de ses Progrès.

Les esprits positifs sont convaincus de la vérité de toutes ces choses et cette conviction fait naître et excite, souvent, dans l'élite de la Jeunesse studieuse qui s'éprend si facilement pour tout ce qui est noble et fort, un grand enthousiasme pour la *Science*.

Beaucoup de ces jeunes gens arrivent, ainsi, à avoir un *véritable culte* pour le *Savoir*, une *véritable voca-*

tion pour la recherche des *Vérités positives*, tout comme beaucoup d'autres ont une vocation et un culte pour les différentes branches de la littérature, des beaux-arts, etc., etc.

La plupart de ces jeunes gens sont, ainsi, poussés à prendre la résolution de se consacrer à la *Science* et à ses *Progrès*, à la recherche des *Vérités scientifiques*.

Et tous les ans, la *Science* attire, de cette façon, de nouvelles recrues dont le nombre est, encore, accru par les encouragements des savants déjà engagés, plus ou moins profondément, dans la carrière.

Absorbés par le grand *Idéal*, poussés par l'unique désir de participer directement au *Progrès*, ils entrent, aussi, dans la carrière, sans se demander quels sont les avantages personnels qu'ils pourront en retirer, sans se soucier du lendemain, ni de l'avenir lointain.

La rémunération est nulle ou insignifiante. Qu'importe puisque l'on pourra poursuivre l'*Idéal rêvé* et rendre, peut-être, de grands services à la *Société*, peut-être, aussi, ajouter de nouveaux titres à sa gloire et une nouvelle force à sa puissance matérielle.

Ce sont bien, là, les *véritables Volontaires des Progrès de la Science*.

DEUXIÈME PARTIE

DÉLAISSEMENT DES VOLONTAIRES DU PROGRÈS DE LA SCIENCE

CHAPITRE I

PREUVES DE CE DÉLAISSEMENT

§ 1. — Déplorables Misères des Volontaires du Progrès de la Science

Les *Volontaires* se mettent à l'œuvre et travaillent, avec acharnement, sans cesse, nuit et jour. Les années passent, et plus vite que partout ailleurs, peut-être, tant l'*Idéal* est absorbant et le temps nécessaire à sa poursuite et à sa réalisation toujours insuffisant !

Les fidèles *Volontaires du Progrès* vieillissent. Les charges de la famille, presque toujours inévitables,

augmentent sans cesse. Mais les ressources pécuniaires, déjà minimes, progressent peu, quand elles
ne restent pas stationnaires ou qu'elles ne baissent
pas.

Alors, malheur à eux, si ils ne sont pas riches, si
ils ont eu la *témérité* de vouloir, eux aussi, concourir
au *Progrès*, par lui, et au bonheur des autres, sans
avoir, déjà, une fortune personnelle !

Dans ces conditions, la misère est inévitable et elle
se montre, rapidement, réduisant les pauvres *Volontaires* ou leurs familles, quand ils ne sont plus, à une
mendicité plus ou moins déguisée.

Et pourquoi tous ces maux ?

Tout simplement, parce que, avant d'attirer les
collaborateurs sérieux, avant de susciter leurs vocations et de s'emparer de leurs dévouements, on a
oublié de leur assurer les moyens de vivre comme les
autres.

Bien plus, il n'y a pas que les moyens nécessaires
à la satisfaction des besoins élémentaires de leur
modeste existence qui ont été oubliés, on a oublié
encore, de leur assurer les moyens de travailler. Trop
souvent, en effet, sinon toujours, les *Volontaires des
Progrès de la Science* se trouvent dans une pénurie
de ressources expérimentales telle qu'ils sont dans

l'impossibilité, ou de poursuivre leurs recherches, ou même de les entreprendre.

Ils voient, ainsi, leur bonne volonté, leur courage, tous leurs efforts, paralysés par l'absence ou l'insuffisance des moyens d'études, par la misère.

Ils sont tourmentés par la passion de marcher à la conquête de nouveaux *Progrès*, de nouvelles *Vérités scientifiques*, et ils sont condamnés à piétiner sur place, à se morfondre dans la stérilité.

Le mal, déjà ancien, est large et profond, aujourd'hui. Il est urgent d'y remédier, si l'on veut s'éviter la douleur de voir notre chère *France*, qui s'honore d'avoir été, presque toujours, à la tête du *Progrès*, passer à un rang honteux, au milieu des nations voisines et rivales.

Depuis longtemps, des cœurs généreux et des esprits scientifiques de haute élite se sont efforcés d'attirer, sur cette pernicieuse situation, l'attention du public éclairé et intéressè, ainsi que la sollicitude des pouvoirs compétents.

Sans parler de la déplorable situation qui m'est faite et qui me paralyse, dans mes travaux, depuis plus de dix ans, je pourrais citer une longue série de *Volontaires de la Science* qui se sont plaint, plus ou moins amèrement, du délaissement qu'ils ont subi. Mais, je me bornerai, simplement, à rappeler quelques-unes des principales doléances, parce qu'elles sont bien notoires et que leurs auteurs, bien connus, très estimés du monde scientifique et même du public, ne peuvent pas être soupçonnés d'exagération.

§ 2. — Doléances de Pasteur (1)

Rappelons, tout d'abord, les doléances de notre immortel *Pasteur* qui, dans la seconde moitié du XIXᵉ siècle, fut, assurément, le chef le plus grand, le plus fécond, le plus remarquable et le plus remarqué des *Volontaires du Progrès de la Science positive.*

Après avoir fait ressortir, avec une certaine amertume, la grande pénurie subie par les savants, la rareté des *Laboratoires*, alors scandaleuse, leur aspect misérable, la déplorable insuffisance de leurs ressources expérimentales, leur insalubrité si préjudiciable à

(1) *Le Budget de la Science*, par *L. Pasteur*, membre de l'Académie des Sciences de Paris. Brochure de 8 pages in-8 carré (45 × 56), de 1868, Gauthier-Villard, édit. Paris.

Si les doléances successivement exprimées par *Pasteur*, *Frémy*, *Dumas*, *E. Lavisse*, sont exposées, dans le présent travail, sous des formes littéraires plus ou moins différentes de celles adoptées par ces auteurs, le lecteur peut être certain que, néanmoins, le *sens* et la *mesure* de leurs *pensées* sont rigoureusement respectées.

la précision des recherches physiologiques et qui, trop souvent, fit de grandes victimes, telles que *Claude Bernard, Bineau,* etc.

Après avoir fait ressortir que toutes ces critiques s'appliquent, surtout, au *premier établissement d'instruction supérieure de la France,* celui qui porte le nom de la Patrie, comme si il voulait résumer, en lui seul, toute sa gloire scientifique et littéraire, le *Collège de France* (1), critiques encore plus justifiées, aujourd'hui, qu'à l'époque où les a publiées *Pasteur.*

Après avoir fait ressortir, aussi, que les nations étrangères, *l'Allemagne* surtout, ont consacré tous les ans, depuis longtemps, un grand nombre de millions, pour édifier des *Palais* à la Science, doter les savants de somptueux *Instituts,* couvrir leurs territoires de magnifiques *Laboratoires* puissamment outillés, organisés et dotés, servis par un personnel d'élite, Laboratoires où les *Volontaires des Progrès de la Science,* tous les travailleurs, trouvent, toujours, toutes les commodités rassemblées, pour le plus grand profit de la Science et, par conséquent, de la *Puissance nationale,* pendant que chez nous, dans notre grand et riche pays, les *Dumas,* les *Foucault,* les *Fizeau,* les

(1) Et en effet, « *Omnia docet* », il enseigne *Tout.* Telle est sa fière devise.

Boussingault, etc., n'avaient pu accomplir leurs immortels travaux qui ont tant enrichi la Science et l'Industrie, tant couvert la France de gloire, qu'en sacrifiant une grosse partie de leurs patrimoines, pour créer, organiser et entretenir, leurs Laboratoires personnels, sacrifices encore plus humiliants pour la nation qu'honorables pour leurs auteurs.

Après avoir fait ressortir, encore, beaucoup d'autres choses déplorables que leur grand nombre ne me permet pas de rapporter, ici, malgré leur grand intérêt, et, parmi ces choses, tout spécialement, que la France doit être assez riche, pour payer sa gloire, ainsi que les créateurs de sa fortune et de sa puissance, le grand savant s'écrie, enfin, avec une tristesse mêlée d'indignation :

« Je termine, par un autre exemple frappant de la
« fâcheuse organisation de notre système scientifi-
« que : les faits sont notoires et s'appliquent à un des
« membres de l'Académie des Sciences.

« Depuis dix années, ce savant n'a pas eu, un seul
« jour, à son service, un garçon de laboratoire, de
« telle sorte qu'il n'a pas touché à un ustensile, qu'il
« n'a pas sali un verre, sans avoir été contraint de
« les nettoyer ensuite de ses mains.

« Que l'on imagine le temps matériel qu'il a dû

« perdre dans ces occupations de domesticité, temps
« qu'il aurait employé au profit de tous, en enrichis-
« sant, peut-être, la Science et l'Industrie, de nouvelles
« découvertes !

« A toutes les demandes qu'il a adressées, pour
« s'affranchir de cet office subalterne, il lui a été ré-
« pondu — et c'était vrai, — qu'il n'y avait pas de
« rubrique, au budget, qui pût motiver la création,
« au profit de ses travaux, d'un emploi de garçon de
« laboratoire. »

Et ce membre de l'Institut *si délaissé*, alors, veut-on
savoir qui il est ? Eh bien, c'est notre grand et immortel *Pasteur*, lui-même.

J'en ai une preuve certaine, sur une des brochures
que *Pasteur* a couverte de notes fort intéressantes et
qu'il a signées de sa main.

Parmi elles, il s'en trouve une où il le déclare formellement. Du reste, une note manuscrite qu'il m'a
remise, lui-même, le 6 juin 1883, démontre, avec évidence l'identité des deux écritures.

Lorsque *Pasteur* se plaint d'avoir été « contraint,
« pendant dix ans, de perdre son temps dans des travaux de domesticité », il n'avait, encore, pu faire que
des recherches de chimie et de bactériologie où les
travaux de domesticité sont relativement très réduits.

Mais, si il avait eu à exécuter des investigations sur des animaux vivants, ces travaux de domesticité se seraient accrus dans de très grandes proportions, de même, du reste, que les difficultés inhérentes aux investigations, elles-mêmes, et il aurait, certainement, dû renoncer à les poursuivres, tant ces travaux eussent été pénibles.

Pasteur a, très probablement, dû essayer ce genre d'investigations, car il est certain qu'il y pensait, alors, déjà depuis longtemps. Mais, il a dû les abandonner, c'est-à-dire, les ajourner.

Et pendant ce temps, ses émules et concurrents d'Allemagne, les *Kohn*, les *Klebs*, les *Tiegel*, les *Koch*, etc., mieux aidés et mieux outillés, faisaient de belles découvertes dont l'honneur aurait dû, naturellement, appartenir à notre France.

Ce ne fut que près de dix ans plus tard, que notre grand *Volontaire des Progrès de la Science* put, enfin, entreprendre, sur la *Pathologie* et la *Thérapeutique expérimentales*, la longue série des immortelles recherches qui ont porté si haut, et la gloire de France, et la puissance de la Science, de la Thérapeutique, de l'Hygiène, etc.

§ 3. – Doléances de E. Frémy (1)

Ecoutons, maintenant, et surtout, méditons bien, les plaintes d'un autre grand *Volontaire des Progrès de la Science*, de *E. Frémy*, également membre de l'Académie des Sciences, comme *Pasteur*.

Après avoir démontré :

Que la France est loin de mettre à profit tous les avantages qu'elle pourrait tirer de l'ardeur qui anime nos savants et qu'*elle laisse perdre, ainsi, une grande partie de sa force scientifique ;*

Que si l'on donne, avec raison, de grands encouragements aux Professeurs de l'Université qui se destinent à l'enseignement, on ne fait, comparativement, rien ou presque rien, pour toute une pléiade d'ardents et de courageux travailleurs, qui, animés du *Feu sacré* le plus pur, en véritables *Volontaires des Progrès de la Science*, ont, souvent, renoncé à des carrières lucratives et certaines, pour se livrer, entièrement et de la façon la plus désintéressée, à la recherche des *Vérités scientifiques ;*

(1) *Les Savants délaissés*, par *E. Frémy*, membre de l'Académie des Sciences de Paris, brochure de 4 pages in-4° carré (45 + 56) de 1884, Gauthier-Villars, édit. Paris.

Que ces vaillants *Volontaires*, après avoir publié généreusement leurs découvertes, enrichi la Science et l'Industrie de leurs originaux, brillants et féconds travaux, augmenté la gloire de leur Patrie, donné, à l'enseignement public, ses principaux éléments, sont réduits à une *mendicité* plus ou moins déguisée, lorsqu'ils se trouvent en présence des difficultés matérielles de la vie que leur amour pour les progrès de la Science et la gloire de leur pays ne leur avait pas permis de prévoir, et qu'ils sont condamnés, ainsi, à mourir, en laissant leurs femmes et leurs enfants dans une profonde misère.

Après avoir démontré, enfin, que les grands *Pouvoirs publics* responsables commettent, ainsi, à la fois, et une faute énorme envers les intérêts supérieurs de la Patrie, intérêts qu'ils ont spécialement la mission de sauvegarder et de développer, et de grandes injustices envers une pléiade d'hommes d'élite qui, eux, donnent, sans marchander, tout ce qu'ils ont de meilleur, le grand et généreux savant, n'ayant pu rien obtenir du Budget, alors surchargé, et après avoir versé la respectable somme de 5000 francs, fait un chaleureux appel à *l'initiative individuelle* pour créer une caisse capable de soutenir dignement les *Volontaires des Progrès de la Science* et de leur permettre de contribuer plus efficacement, encore, au développement de cette Science et, conséquemment, d'accroître la puissance et la gloire de la Patrie et de l'Humanité.

§ 4. — Doléances de J.-B. Dumas (1)

Ecoutons, encore, la grande voix d'un autre *Volontaire des Progrès de la Science*, de l'illustre *Dumas*, l'une des plus grandes figures de la Science française, membre de l'Académie française et secrétaire perpétuel de l'Académie des sciences de Paris, lorsqu'il soutient et qu'il s'efforce de développer la belle œuvre de justice et de philanthropie dont il est le président et qui a été fondée, en 1860, par un autre grand et généreux savant, le Baron *Thénard*, sous le nom de « *Société de Secours des amis de la Science.* »

Tout d'abord, *Dumas* fait remarquer, fort logiquement, dans, sa longue et admirable lettre, que les séductions inhérentes à la Science, les éloges, de plus en plus fréquents, que l'on fait de sa puissance, les chaleureux appels, officiels ou officieux, adressés de toutes parts, à l'élite de la jeunesse studieuse, pour l'engager à se consacrer aux études scientifiques, exaltent, encore, ses enthousiasmes naturels et déter-

(1) *Lettre publique du 25 janvier*, 1881.

minent un nombre, sans cesse croissant, de *vocations scientifiques.*

Il fait ressortir, ensuite :

Que tous ces *Volontaires des Progrès de la Science,* soutenus *seulement* par leur *Foi scientifique,* se lancent dans les recherches les plus pénibles, à leurs risques et périls ;

Qu'après de longs et douloureux efforts, après de grands sacrifices, ils arrivent à « doter leur pays de « découvertes que le temps se chargera de faire fru- « ctifier — *mais non à leur profit* » ;

Que ces découvertes profitent toujours, en somme, à tout le monde, qu'elles sont des sources de pro- grès pour toutes les branches de l'économie sociale, de bien-être, pour le public, de prospérité, de fortune et même de grandeur pour quelques hommes ou quelques groupes d'hommes.

Après avoir fait ressortir, enfin, d'une façon spè- ciale, que la plupart de ces inventeurs, de ces géné- reux *Volontaires des Progrès de la Science,* sinon tous, « *meurent, victimes de la Science, dans le dénument et le désespoir* », il termine par un ardent appel, en faveur de ces talents trahis par le sort, de ces inven- teurs imprudents, de ces génies imprévoyants, de tous ces généreux insensés qui, s'oubliant eux-mêmes, n'ont pensé qu'à la grandeur, à la prospérité et à la puissance de la *Science* et de leur *Patrie*.

Et son grand cœur d'homme et de *Volontaire de la Science* gémit de ne pouvoir « *payer, au génie délaissé, la dette de la Société française* » et de l'Humanité.

§ 5. — Doléances de M. E. Lavisse

Ecoutons, enfin. les patriotiques doléances exprimées, tout récemment (1), par l'un des maîtres les plus autorisés, les plus estimés et les plus sympathiques de l'*Université de Paris*, M. *E. Lavisse*, professeur à la Sorbonne et Membre de l'Institut de France (Académie Française), qui, comme on sait, a déjà tant fait, pour répandre, dans la population étudiante des grandes Ecoles du quartier latin, l'esprit de solidarité et de dévouement universitaire, ainsi qu'un amour jaloux de la grandeur et de la puissance de l'Université, solidarité, dévouement et amour qui, depuis longtemps, sont les principaux éléments de la force si remarquable et si féconde des Universités de l'Allemagne.

(1) Bulletin de la *Société des Amis de l'Université de Paris* de l année 1900.

L'éminent historien dit, en effet, dans différents passages de son chaleureux appel :

L'*Université de Paris* a droit à des amis et elle a besoin d'en avoir.

Si on la compare aux grandes Universités d'Allemagne, elle est loin de soutenir, toujours avec avantage, la comparaison, quand au nombre et à la variété des disciplines enseignées.

Veut-on que l'Université soutienne et développe l'effort commencé pour mettre, au service de l'Industrie française, ces *Savants pratiques*, par l'aide desquels l'Industrie allemande est en train de conquérir le monde ? Il faut ouvrir de *nouveaux Laboratoires*, créer de *nouveaux Instituts*.

L'Université ne le peut, si elle n'est aidée. Comment ne trouverait-elle pas une aide efficace chez les grands industriels qui savent combien rude est la concurrence étrangère, et que le travail national a besoin d'être armé de Science ?

Jusqu'ici, l'Allemagne semblait être la métropole scientifique de l'Univers, pour décerner le doctorat universitaire spécial établissant l'aptitude au travail Scientifique et qui fait, précisément, la force de ces industries et de son économie sociale tout entière.

Aujourd'hui, nous allons entrer en concurrence avec elle.

L'Université d'aujourd'hui a l'ambition d'honorer Paris et la France, tout comme l'Université d'autrefois, la vieille « *Ecole de Paris* » qui attirait, de toute l'Europe, des milliers d'étudiants et qui était une grande gloire pour la France.

C'est, là, la grande et noble tâche entreprise, depuis peu de temps, par la *Société des Amis de l'Université de Paris* qui « a pour but de favoriser le déve-« loppement de cette Université et de contribuer à en « faire, à tous égards, un Centre d'études digne de la « capitale de la France. »

Les principaux moyens d'action de cette Association sont :

1° La Création de Chaires, de Cours et de Conférences dans différentes Facultés et Ecoles ;

2° L'Attribution de subvention aux Laboratoires et aux bibliothèques ;

3° L'Organisation de Conférences et de Cours faits en dehors des Facultés ou Ecoles ;

4° La fondation de prix et de récompenses destinés à encouragèr les études ;

5° La Création de bourses d'études et de voyages ;

6° L'attribution de secours, soit sous forme de

prêts d'obligeance, soit sous toute autre forme, aux étudiants sans fortune ;

7° L'Institution ou l'encouragement de toute œuvre dans l'intérêt des étudiants ;

8° La publication d'un Bulletin périodique.

Cette Société, reconnue d'utilité publique, est présidée par M. *Casimir-Périer*, l'ancien Président de la République. Elle se compose de membres titulaires, de membres fondateurs et de membres donateurs. Son siège est à Paris et à la Sorbonne.

Pour en faire partie, il suffit de le demander au Sécrétaire général ou à son Trésorier. Elle reçoit, aussi, tous les dons, quelle que soit leur importance.

On ne saurait trop engager ceux qui aiment la Science et qui ont le souci de la grandeur, de la prospérité et de la puissance de la Patrie, à lui apporter leur concours le plus ardent.

§ 6. — Histoire d'un vrai Volontaire des Progrès de la Science [1]

I

Si la situation s'est améliorée, depuis que les illus-

(1) Je prie *instamment* les lecteurs qui connaîtraient des Histoires du même genre, de vouloir bien m'en faire part, par

tres et généreux représentants de la Science, cités
dans le paragraphe précédent, ont lancé leurs cris
d'alarme et de détresse, elle est encore, cependant,
bien loin d'être bonne. Il serait facile d'étayer cette
opinion avec de nombreuses preuves.

Je connais, en effet, des intelligences d'élite, de
véritables *esprits scientifiques*, qui ont toujours eu
un culte sincère pour la Science, qui lui ont consacré,
longtemps et avec succès, tous leurs efforts, et qui,
en présence de la pénurie de leurs ressources et de
l'espèce de délaissement persistants où ils se trou-
vaient, ont dû, malgré toute la douleur que leur cau-
sait la résolution, renoncer à la lutte et porter, sur un
terrain plus hospitalier, leur fructueuse activité.

Tout cela est bien regrettable, pour la Science, car
ces esprits d'élite lui auraient certainement rendu, au
moins, de bons services.

Parmi tous les cas qu'il m'a été donné d'observer,
et de noter, il en est un qui, je crois, mérite d'être
rapporté avec quelques détails, parce qu'il est *typique*
et vraiment propre à faire ressortir le *délaissement*

sollicitude pour la Science et ses Volontaires. Je les recevrai
avec une vive reconnaissance *(Prière d'écrire à l'Auteur,
38, quai d'Orléans, Paris).*

dont souffrent ou peuvent avoir à souffrir de vrais et bons *Volontaires des Progrès de la Science.*

Ce cas m'ayant particulièrement intéressé, j'ai fait une *enquête approfondie* et je puis affirmer sa réalité, jusque dans ses plus petits détails. Du reste, il serait facile de *faire la preuve* à ceux qui seraient tenté de douter ou qui désireraient s'éclairer plus complètement.

Qu'il me soit donc permis de l'exposer, au moins, succinctement. Le voici :

II

Un enfant naît dans la plus humble famille d'un tout petit village de France. Sa mère, restée seule et déjà âgée, se tue au travail pour l'élever. Plusieurs fois, alors, ils ont failli mourir de misère et de maladie tous deux.

Malgré tout. l'enfant grandit et fait déjà concevoir des espérances.

A 9 ans, il entre, gratuitement, à l'Ecole communale du bourg voisin et en occupe rapidement la tête.

Déjà, les phénomènes de la nature excitent sa jeune attention. Les êtres vivants, leurs maladies surtout, le frappent particulièrement. Il nourrit la haute ambition d'être médecin. Mais, comment faire ?

A peine âgé de 11 ans, il va, spontanément, trouver le pharmacien du bourg et le prie de lui enseigner la pharmacie. Celui-ci y consent et se réjouit, dans la suite, de l'application soutenue de son jeune élève, qui, tout seul, commence à étudier les grammaires française, latine et grecque.

A 14 ans, la pharmacie du bourg ne lui suffit plus. Il songe à l'Ecole de médecine et de pharmacie de la grande ville régionale. Mais, il est bien jeune, et, de plus, il n'a aucun titre. On lui fait toutes sortes d'objections excellentes. Aucune ne l'arrête. Il veut absolument s'instruire, et, à ses yeux, la grande ville régionale peut, seule, le lui permettre.

A la fin de sa 14e année, un petit paquet de linge et de vêtements sous le bras et le porte-monnaie mal garni, mais le cœur rempli de courage, d'ambition et d'espérance, il s'y rend.

Puis, arrivé là, que de difficultés pour se faire admettre dans une pharmacie. Partout, on le trouve trop jeune. Longtemps, il reste sans place, très malheureux, désespéré, parfois.

Enfin, il trouve une petite officine où on consent à l'accepter. Il gagne 15 francs par mois. Fort heureusement, le pharmacien est un homme assez instruit, en lettres comme en sciences.

Notre jeune élève consacre tout son salaire à acheter des livres classiques d'enseignement secondaire. Il les porte partout, il les étudie partout, autant qu'il peut, nuit et jour. toujours avec la plus grande application. Grammaires, dictées, thèmes et versions en langues grecque et latine, histoire et géographie, éléments de mathématiques, etc., etc., rien n'est négligé. Le pharmacien, ému par tant d'ardeur et de persévérance, lui prête son concours, de bonne grâce. Il suit, aussi, l'enseignement de quelques cours du soir.

A 16 ans, il affronte les épreuves de l'*Examen* dit de « *grammaire* » ou de la classe de 4ᵉ des lycées. Il est reçu. Il pourra, enfin, être, au moins, officier de santé ou pharmacien de 2ᵉ classe.

Mais, cela ne lui suffit point. Il veut posséder les grades supérieurs. Il veut être *docteur* et *pharmacien de 1ʳᵉ classe*. Mais, pour pouvoir prétendre à ces titres, il faut, tout d'abord, être en possession des *deux diplômes de bachelier*. Il continue donc à travailler, toujours avec la même application, tout en restant dans l'officine.

III

Cependant, pour se mieux préparer aux épreuves redoutables du baccalauréat et avoir des ressources pécuniaires plus considérables qui lui permettront de payer les leçons particulières d'un bon maître, il abandonne l'officine, pour faire un petit service de nuit, qui consiste à enregistrer la rentrée en gare des wagons, dans les Bureaux de la petite vitesse des chemins de fer du midi.

Il obtient la place par faveur, grâce à la protection du chef de gare qui connaît son passé et son but.

Il commence le service à 6 heures du soir et le termine à 6 heures du matin. Il a, seulement, 1 ou 2 heures pour dormir, chaque nuit.

Le traitement est de 75 francs, par mois.

De plus, un ami de sa famille lui procure, chez un petit marchand de vins fins et de spiritueux, la tenue de quelques livres de commerce. Ce travail lui prend 1 ou 2 heures par jour, le matin de 7 à 9 heures, et lui rapporte 20 francs par mois.

Il a donc 95 francs en tout, par mois, pour se nourrir, se loger, s'entretenir et payer quelques leçons.

C'est bien court ? C'est même tout à fait insuffisant! Il y remédie, en grande partie, en ne faisant que le repas de midi, au restaurant. Le soir, il prend un repas froid, dans sa petite chambrette, et ne boit que de l'eau.

Tout le temps qui lui reste, entre ces deux repas et

la reprise de son service, est employé, avec toute l'application possible, à travailler les matières du baccalauréat.

Bien souvent, il lui arrive de tomber sur ses livres ou ses devoirs, exténué de sommeil, de privations et de fatigue.

Après quelques mois de ce dur régime, il est devenu méconnaissable. Sa santé parait compromise. Ses amis s'alarment et lui conseillent vivement de le cesser. Il n'écoute personne et continue.

La période des examens va s'ouvrir à la Faculté. Il est décidé à les subir et se fait inscrire, en consignant presque toutes ses petites économies.

Il est profondément amaigri, très pâle, malade.

A 17 ans, il affronte les épreuves du *baccalauréat ès-sciences* et il est reçu bachelier.

Cette 2ᵉ étape franchie, il commence immédiatement à se préparer aux épreuves du *baccalauréat ès-lettres*. Mais, cette préparation lui paraissant, encore, plus difficile que la précédente, il change ses moyens de travail, en se faisant admettre, comme *Maître-d'Etudes*, dans une grande institution d'enseignement secondaire. Là, il a beaucoup moins de difficultés pour se préparer. Cela se comprend facilement.

A 19 ans, il affronte les épreuves du *baccalauréat*

ès-lettres et il est reçu. Il se sent sauvé. Le reste lui semble facile à faire.

Il prend, immédiatement, ses premières inscriptions pour le *doctorat*, auprès de la Faculté de Médecine. Puis, il suit l'enseignement de l'hôpital et de cette faculté, autant que le lui permettent ses fonctions de *Maître-d'Etudes*.

A 25 ans, il est reçu *Docteur en médecine*, par la Faculté de Paris, et sa *Thèse*, basée sur l'*Observation clinique* et la *Pathologie expérimentale*, reçoit les éloges du Jury avec sa plus haute note : « *extrêmement satisfait* ».

IV

Au cours de ces longues études classiques mêlées de recherches originales, il a senti naître et grandir, en lui, l'*Amour de la Science pure*. Cette science lui fait éprouver de véritables émotions intellectuelles. Il l'aime, non pas seulement à cause des immenses services qu'elle rend, de plus en plus, aux hommes, mais aussi, pour elle-même.

Cependant, étant sans fortune, n'ayant que son titre de docteur, il ne peut lui consacrer tout son temps. Il est obligé de songer, de plus en plus sérieusement, à gagner ses propres moyens d'existence et à supporter, en outre, certaines charges de famille.

Il doit se résoudre à faire de la pratique médicale. Mais, il faut toujours un certain temps, relativement long, pour arriver à grouper, autour de soi, à Paris où la lutte est très dure, un nombre de clients capable de satisfaire seulement les besoins élémentaires de l'existence.

Heureusement, une bonne fonction de médecin praticien se présente à lui, dans une grande administration. Elle n'est pas trop mal rétribuée. Elle est sûre et très honorable. L'avenir paraît devoir être brillant.

Mais, le poste est en province et relativement peu stable. De plus, il faut renoncer aux recherches expérimentales des vérités scientifiques, à la Science pure, et cela, à peu près complètement. C'est très dur, déchirant. Mais il faut accepter.

Le poste est envié et donné au concours. Notre concurrent remporte un brillant succès et il est nommé. Il accepte... Il va essayer...

V

Après un an de ce nouveau régime, il ne peut plus y tenir. La passion pour la science est plus forte que tout. Il sent, en lui, une *véritable vocation* pour la recherche des vérités scientifiques, expérimentales et théoriques, un *vrai Feu sacré*.

Lui, aussi, il aspire, de toutes les forces de son cœur et de son intelligence, à collaborer aux *Progrès de la Science* et à concourir, ainsi, directement, à l'édification de la grandeur, de la prospérité et de la puissance de sa Patrie et de l'Humanité.

Il donne sa démission. Il abandonne tous ses avantages, une bonne et brillante position, pour prendre une fonction infime, avec un traitement de 95 francs par mois qui, un peu plus tard, est élevé à 190 francs. C'est et ce sera tout.

Mais, le poste a, à ses yeux, l'immense avantage d'être dans une très grande Ville, dans une grande Ecole qui est un centre d'activité scientifique important. Et là, si la fonction est très mal rétribuée, il pourra, au moins, donner libre cours à ses aspirations pour la Science.

En véritable *Volontaire des Progrès de la Science*, avec toute l'ardeur et la persévérance dont il est capable, il se met au travail, plein de confiance dans l'avenir. Seule, sa *Foi scientifique* le soutient et l'excite.

Il entreprend l'étude de quelques uns des problèmes les plus difficiles, sur le terrain expérimental, comme sur le terrain théorique. Il la poursuit sans défaillance, sans relâche.

Il fait des publications laborieuses, assez étendues et vraiment originales. De plus, il s'efforce de rendre toujours plus de services à l'Ecole qui l'a accueilli, Ecole dont le Chef Officiel, mort depuis, l'a demandé, bien plus, attiré. Il aide, de son mieux, son chef immédiat. Enfin, il est tout dévoué à l'Ecole, comme à ses chefs.

Après de nombreuses années d'un travail acharné, sur le rude terrain de l'expérimentation, travail entièrement consacré à la poursuite de son *Idéal*, il arrive, enfin, à un succès relativement très satisfaisant :

Il a découvert, en effet, une série de *faits nouveaux* qui excitent, vivement, l'attention du monde savant. Ces faits sont officiellement vérifiés et publiquement reconnus vrais, importants et inattendus. Les *Théories* qu'il a déduites de ces faits nouveaux et proposées, comme sujet et comme guide de nouvelles recherches expérimentales, sont séduisantes et promettent d'être fécondes. Il s'efforce de faire ressortir toutes ces choses et d'entraîner les expérimentateurs dans la *nouvelle voie de recherches*.

Une Académie célèbre couronne les efforts du chercheur et leurs résultats de l'un de ses principaux prix

et de ses éloges. Un mouvement d'investigations nouvelles se forme, parmi les expérimentateurs, dans le
sens indiqué par les théories posées. La voie nouvelle est, en effet, très féconde et le mouvement scientifique y prend de grandes proportions, à l'étranger,
comme en France. La science y fait des progrès de
plus en plus remarquables, surprenants, tant sur le
terrain de l'*Expérimentation* que sur celui de la
Théorie.

VI

Et pendant ce temps, que devient notre *Volontaire*?
Le malheureux ! il a eu l'infortune de froisser, sans
le vouloir, assurément, certains grands chefs. Dès le
début du mouvement, pendant la publication même,
peut être maladroite, de ses travaux, il est tombé dans
une disgrâce terrible.

On a prétendu qu'il avait un langage et des allures
trop libres, que son caractère n'était point parfait,
qu'il manquait de soumission, que sais-je, encore...?
Bref, on connaît le vieux procédé : quand un mauvais
maître veut tuer son chien, il dit qu'il est *enragé*.
Cependant, tout cela pourrait bien avoir quelque
fondement réel. Ces défauts là sont, en effet, si fré-

quents dans les esprits originaux, fermes, courageux et passionnés pour un *Grand Idéal*, et même, chez beaucoup qui n'ont qu'un petit ou aucun *Idéal* !

Certains se sont même souvenus, et ils n'ont pas manqué de faire remarquer, que notre *Volontaire* n'était pas passé par la *filière*, alors que M. X... qui désirait bien sa place, en était sorti, lui, brillant comme un fil de laiton tout neuf qui sort de la sienne. Ils ont fait ressortir que, au fond, il était un étranger dans l'Ecole, et cela, malgré les nombreuses années d'une fructueuse collaboration pour cette Ecole. Comme si, du reste, tous ceux qui ont les mêmes aspirations, qui poursuivent le même *Idéal*, le *Progrès de la Science*, n'étaient pas, naturellement, ralliés par cet *Idéal*, comme si ils n'étaient pas les membres d'une même grande *famille intellectuelle* : l'*Armée de la Science et du Progrès* !

On lui a retiré, enfin, sa petite situation, situation pour laquelle il avait tout sacrifié, parce qu'il devait y trouver les ressources expérimentales qui lui étaient nécessaires pour poursuivre son Idéal scientifique. Il a été relégué dans une autre situation où il lui a toujours été impossible de poursuivre ses recherches expérimentales, malgré toute sa bonne volonté, toute son énergie. On lui a même fait remarquer qu'il devait s'estimer fort heureux de n'avoir pas tout perdu, jusqu'à son misérable et infime traitement.

Et en effet, il s'estime heureux qu'on ne l'ait pas rendu encore plus malheureux, qu'on ne l'ait point tout à fait tué et enterré.

VII

Ainsi, malgré son passé si remarquable et si honorable, son réel dévouement à la Science et à l'Ecole, ses nombreuses années de bons services, son ardeur notoire pour le travail, malgré sa pauvreté évidente et ses charges de famille, malgré ses travaux originaux, l'importance de leurs résultats et le grand intérêt qui leur avait été témoigné dans le public scientifique, malgré ses douloureuses protestations, malgré tout, notre pauvre *Volontaire* a été arrêté, paralysé, dans sa carrière. On a cherché à le briser.

Et tout cela fut fait, tout au plus, à cause de quelques *misérables froissements* d'amour propre, de vanité et d'orgueil, à cause, aussi, peut-être, de quelques manquements aux *Convenances*, manquements non pas prémédités, combinés, *voulus*, mais uniquement dus à son inexpérience des usages du Monde, des hommes et des choses de la Société, inexpérience bien explicable et même excusable, on le comprend facilement, chez ce vaillant *Volontaire* qui s'était élevé tout seul, qui avait été vraiment, comme on dit, le *fils de ses Œuvres*.

Et tout cela fut fait par des hommes qui cultivent la Science, dont la profession est de n'obéir qu'à la *Vérité*, qu'à la froide et saine *Raison*, sans jamais se laisser entrainer par des considérations sentimentales d'ordre inférieur.

En vérité, si des hommes de haute culture, si des hommes de *Science* et de *Raison*, dont le rôle social, dont la suprême ambition, doit-être de se conduire toujours en *vrais Sages*, ne serait-ce que pour donner de grands et difficiles exemples à leurs semblables, agités de passions contraires, si de tels hommes, dis-je, ne sont pas plus raisonnables, s'ils se laissent aveugler, à ce point, par la mauvaise passion, que doit-on attendre des hommes incultes ou peu cultivés ? Et qu'elle confiance, ces mêmes hommes peuvent-ils prétendre inspirer, au public ignorant, peu ou mal instruit, qu'ils ont, aujourd'hui surtout, la mission sociale de conduire, mission noble et grande entre toutes, mais bien redoutable.

Bien plus, beaucoup de ces mêmes hommes dont l'amour pour le *Vrai* et, conséquemment, pour le

Juste qui en découle nécessairement, criaient, bien fort, contre l'*Erreur* et l'*Injustice*, au Cours d'un procès célèbre qui a rempli notre chère France et le Monde de troubles, de discordes, de scandales et de hontes, Oui ! beaucoup de ces hommes se révoltaient contre l'*Injustice*, après avoir, eux, injustement méprisé, foulé aux pieds, tout ce que notre vaillant *Volontaire* avait de plus cher et de plus sacré.

Mais, après tout, pourquoi donc s'étonner de toutes ces horreurs ? Ne sont-elles pas, en effet, encore et malgré sa civilisation dont il est, peut-être, trop fier, le *propre* de l'homme. O pauvre Homme ! quand donc cesseras-tu d'être le jouet de tes passions et de tes contradictions ? Quand donc, seras-tu conséquent avec toi-même, avec tes sublimes aspirations vers toutes les perfections ? Quand donc seras-tu, enfin, un être uniquement pétri de *Raison* et de *Justice* ?

VIII

Mais, revenons à notre *Volontaire de la Science*.

On le comprendra, sans peine : c'était un véritable désastre pour lui.

Et malgré tous ses efforts, pour faire améliorer cette déplorable situation, il n'est arrivé qu'à des résultats toujours insuffisants, insignifiants même, dans l'espèce. .

Malgré les titres sérieux qu'il avait à la bienveillance des hommes, il a rencontré, beaucoup plus d'hostilité que de protection.

On se fait, malheureusement, très souvent, une idée très insuffisante, ou même fausse, des cas où il faut protéger, encourager, blâmer, enrayer ou combattre. On fait l'une ou l'autre de ces actions bien plus par *sentiment*, par *sympathie* ou *antipathie*, ou par *intérêt*, encore, que par *raison*. Et c'est tout le contraire qui devrait être fait.

Quand on se trouve en présence d'un vrai *Volontaire du Progrès de la Science* qui a rendu ou qui peut rendre des services à la Science, quelle que soit l'antipathie qu'il inspire, si, toutefois, il en inspire, on doit se garder de le gêner dans son travail. On a le *devoir* de lui faciliter sa tâche.

Cela est évident, puisqu'il travaille pour le *Progrès de la Science*, c'est-à-dire, pour la *Vérité* qui appartient à tout le monde.

Le protecteur n'a pas à faire des *faveurs*. Il n'a qu'à accomplir des *devoirs*.

Ces règles de conduite s'imposent plus que jamais, aujourd'hui qu'un nombre sans cesse croissant de bons esprits scientifiques et patriotiques signalent, avec douleur, que notre chère *France* est loin d'être toujours en avance sur les nations voisines et rivales, aujourd'hui que l'*Université de Paris*, elle-même, émue d'une telle situation, s'efforce d'y remédier, en faisant, par l'intermédiaire de la *Société des amis de l'Université*, un appel pressant, à la fois, aux *Volontaires de la Science* et à la libéralité des *Bienfaiteurs de la Science*.

Combattre, pour des motifs autres que des raisons d'ordre purement scientifique, un *Volontaire du Progrès de la Science*, ne serait pas, seulement, une action exécrable, ce serait, pour ainsi dire, un crime de *lèse-Science* et de *lèse-Progrès*, un crime de *lèse-Patrie*.

Notre pauvre Volontaire ne semble pas avoir beaucoup profité de telles considérations, cependant fort logiques.

Les mois et les années passaient, et sa bonne volonté restait toujours paralysée dans sa funeste situation. On aurait pu penser qu'un *mauvais génie* s'acharnait après lui.

Il était dans la situation la plus *fausse*. En effet, il semblait pouvoir continuer ses recherches expérimentales, et les ressources dont il disposait ne le lui permettaient absolument pas.

De là, on le comprend, la possibilité de faire, sur son compte, toutes sortes de *suppositions calomnieuses*. Et ses adversaires, ses ennemis, ses concurrents, ceux là, surtout, qui avaient le plus fait pour le plonger ou le maintenir dans cette funeste position, prenaient un malin plaisir à les colporter.

Et, pendant que se déroulaient toutes ces choses, lui, paralysé au milieu des difficultés matérielles d'ordre inférieur, se voyait condamné et réduit à assister au grand développement du mouvement scientifique qu'il avait tant contribué à engendrer, sans pouvoir continuer à y participer expérimentatalement, comme il y avait toujours compté, ainsi qu'il aurait dû en avoir le *droit*.

Aussi, notre pauvre Volontaire, déjà surmené par de nombreuses années d'un travail acharné, accablé par les difficultés matérielles, les soucis, les injustices, les déceptions, les tortures morales, etc., est tombé malade, très malade. Il a failli en mourir.

Il s'est remis, heureusement, mais péniblement, très lentement.

IX

Après avoir éprouvé tant de déboires, il avait toutes sortes d'excellentes raisons, n'est-il pas vrai? pour
abandonner une voie où, malgré son dévouement, ses
efforts et ses succès, il ne rencontrait, à peu près, que
des souffrances. Et une telle résolution paraissait s'imposer d'autant plus, que ses charges et ses besoins ne
faisaient qu'augmenter.

Eh bien ! il n'en fit absolument rien. Bien au contraire.

En effet, j'ai appris, et cela, de la façon la plus certaine, qu'il a trouvé, dans la *pratique*, plusieurs situations sures et très lucratives. L'une d'elles l'aurait
certainement conduit à la fortune. Or, sans hési-
ter un seul instant, il les a toutes refusées et n'a jamais voulu en entendre parler.

En abandonnant la Science, c'eût été faire, à ses
yeux, au moins une *double faillite*, une faillite, à la
fois, *morale* et *intellectuelle*.

Pas un seul instant, il n'a détourné le regard de
son *Idéal scientifique*. Bien plus, pour le mieux contempler et le mieux poursuivre, il a complètement
renoncé à la *pratique médicale* qui, cependant, lui

assurait quelques ressources pécuniaires croissantes, mais qui tendaient, aussi, à l'éloigner de cet idéal, et, peut-être, à le lui faire perdre de vue.

Il a préféré tout souffrir, tout endurer, pour le poursuivre, quand même, malgré tout. Et il le poursuit toujours, sans relâche, sans défaillance, tant bien que mal, plutôt mal que bien, il est vrai, mais, enfin, le mieux qu'il peut. Et il s'en rapproche de plus en plus, toujours plus convaincu qu'il parviendra, un jour, à le réaliser et à l'offrir, tout d'abord et gracieusement, à ceux qui lui ont fait ou voulu faire du mal.

Profondément persuadé, malgré toutes les injustices qu'il a subies, que le *Mal* et le *Bien* sont contagieux, que le bien engendre le bien, comme le mal engendre le mal, il s'efforce, plus que jamais, de rendre le bien pour le mal.

C'est là, en effet, pour tout *penseur sage*, une *règle de sociabilité*, d'entente harmonieuse et de perfectionnement humain, qui ne sera, sûrement, jamais dépassée.

Que n'est-elle comprise et pratiquée, également, par tous ! La Société en retirerait, sans aucun doute, le bonheur qu'elle cherche, en vain, par la *violence*.

En attendant des jours meilleurs, il a dû porter, à regret, son activité, sur des terrains autres que celui de l'expérimentation où il avait acquis, cependant, des résultats si encourageants. Sur ces nouveaux champs d'investigations, il est parvenu, encore, à faire des travaux originaux, intéressants et utiles, mais qui, néanmoins, n'ont encore, aucunement, servi à améliorer sa déplorable situation.

Il continue à employer, le mieux qu'il peut, au service de la Science, en s'imposant bien des privations, toutes les ressources qu'il possède. Et voilà, maintenant, *dix-sept ans*, dont dix ans passés dans les plus mauvaises conditions, que ce *fidèle Volontaire des Progrès de la Science* s'acharne, malgré tout, à lui donner tout ce qu'il a de meilleur.

Tout autre que lui, peut-être, serait devenu *Misanthrope*, se serait publiquement indigné, révolté. Et lui? pas du tout. Il ne se plaint de rien, tout en regrettant amèrement, cependant, de n'avoir pas, à sa disposition, toutes les ressources expérimentales nécessaires, afin qu'il puisse travailler, plus fructueusement, pour la Science et la Société. Il ne fait aucune récrimination.

Il attend et travaille toujours patiemment. Malgré tout, il a foi dans l'avenir et dans la justice dont on parle tant, à notre époque, mais qu'on pratique si peu.

Ce n'est qu'après que je lui ai eu adressé toutes sortes de supplications, qu'il a consenti, enfin, à me faciliter mon enquête et à me laisser exposer son cas.

Mais, il m'a formellement interdit, et je lui ai formellement promis, de ne pas publier son nom. Il a *horreur* d'une discussion tapageuse sur son nom. C'est même pour cela qu'il a tout souffert, dans l'ombre, sans se plaindre. Respectons sa volonté. C'est un *devoir*.

Tout ce que je sais de sa pensée intime, c'est qu'il pense comme ceux qui estiment que l'*Organisation du travail scientifique*, dont il est évidemment victime, après et comme tant d'autres, laisse beaucoup à désirer et qu'il y a lieu de la remanier, dans l'intérêt supérieur de la Science, de la France, de l'Humanité et de la Justice.

§ 7. — Les Volontaires de la Science dans l'Histoire du Progrès

I

Les doléances exposées par *Thénard, Pasteur, Dumas, Frémy, E. Lavisse,* etc, de même que l'Histoire authentique de mon *Volontaire*, démontrent combien est grand le mal dont souffrent beaucoup de *Volontaires des Progrès de la Science.* Et cependant, malgré son étendue, ce mal semble être moins grand, à notre époque, que dans les époques du passé.

Pour se faire une opinion sur la question, il suffit de consulter l'*Histoire générale des inventions et de leurs inventeurs.*

On y verra que les *Initiateurs,* c'est-à-dire, les *premiers* et *seuls véritables inventeurs,* quelle que soit, du reste, la nature de leur invention, que cette invention soit de l'*ordre purement spéculatif,* ou de l'*ordre matériel et pratique,* qu'elle soit une simple *Idée-Mère* ou une grande *Construction théorique,* une grande *Doctrine,* qu'elle soit, encore, une simple *Construction matérielle élémentaire* ou une *grande Machine* plus ou moins compliquée, on y verra, dis-je, que les *Initiateurs* ont eu, presque toujours, sinon toujours, à lutter contre toutes sortes de difficultés et de maux, à subir les plus dures épreuves.

II

Les uns s'imposent un labeur surhumain, toutes sortes de privations, pendant toute leur vie, et meurent, sans avoir pu réaliser leur *Idéal*, sans avoir reçu la plus petite récompense. Cependant, s'ils ne sont pas parvenus à trouver la solution du problème étudié, ils l'ont, souvent, *préparée* et rendue plus ou moins facile à leurs successeurs qui, eux, recevront tous les avantages.

Les autres, après avoir poussé les sacrifices jusqu'à la ruine de leur patrimoine et de leur santé, arrivent, enfin, à réaliser leur *Idéal* à un degré satisfaisant, ils dotent leur pays et l'humanité d'un *Progrès* rempli d'avantages pour tous, mais eux, soit qu'ils ne veuillent pas en tirer parti, soit qu'ils ne puissent pas l'exploiter, tant le vrai *Génie* s'allie mal à l'*Esprit commercial*, quand ce Génie et cet Esprit ne sont pas absolument incompatibles, ce qui est le cas le plus fréquent, ils achèvent leur vie dans la pauvreté et les privations, et, très souvent, meurent méconnus ou ignorés, dans un lit d'hôpital.

D'autres, encore, dont le *Génie* a fait un bond immense dans l'*Inconnu*, a dépassé, ainsi, d'un grand nombre de siècles, l'état mental de leur époque, mal ou point du tout compris de leurs contemporains, luttent, avec acharnement, contre l'indifférence et la routine, l'ignorance et l'erreur, ils subissent des résistances de toutes sortes, les risées, les vexations, les outrages, les aveugles et sauvages révoltes, ils endurent toutes les tortures morales et corporelles, et, souvent, meurent, enfin, sous les coups sacrilèges de ceux qui devraient le plus les protéger, les aimer, les admirer et les honorer.

Et vous voyez, ainsi, en tournant les feuillets de l'histoire, passer pêle-mêle, sous vos yeux consternés, indignés, révoltés, un grand nombre des apôtres créateurs des *Progrès*, tels que, par exemple, *Socrate*, *Jésus - Christ* et d'innombrables chrétiens, *Jeanne d'Arc, Paracelse, Van Helmont, Etienne Dolet, Galilée, Lavoisier, Condorcet, Auguste Comte*, et des centaines d'autres.

III

En vérité, on est tenté de croire, en réfléchissant à toutes ces horribles choses, que, pour fleurir, le *Génie* a besoin d'être arrosé de larmes et de sang.

Il est vrai que, souvent, sinon toujours, un jour vient, surtout à notre époque et parmi nos générations qui sont, de plus en plus, accessibles à l'*Esprit de justice*, où sonne, enfin, l'heure des justes réparations. Des hommes de cœur surgissent qui cherchent à effacer et à faire oublier ces *horreurs*. Au milieu d'une atmosphère remplie d'amers regrets, de chaleureux hommages et de toutes sortes de nobles sentiments, le martyr trouve, enfin, son apothéose, dans une statue de marbre ou d'airain qui restera, pour rappeler la grandeur de ses services.

Et voilà comment va, très souvent, le cours des choses humaines, pour les *Volontaires de la Science*, pour les *Créateurs du Progrès* :

> On les persécute, on les tue.
> Et, après un lent examen,
> On leur érige des statues,
> *Pour glorifier le genre humain.*

Mais, qu'on veuille bien le remarquer, pendant que ces grands justiciers s'efforcent de rendre et de faire rendre, au *Génie méconnu,* les hommages qui lui sont dûs, souvent, ces mêmes justiciers, laissent renouveler, O contradiction humaine ! à l'égard d'autres victimes du progrès, dans les cœurs de ceux qui les entourent et jusque dans leurs propres cœurs, les mêmes injustices et les mêmes horreurs.

Ne vaudrait-il pas mieux, cent fois, au lieu de s'en remettre aux générations futures pour réparer les erreurs et les injustices des générations présentes, chercher, trouver et appliquer, les moyens propres à en éviter, sûrement, le retour ? C'est là mon humble **avis.**

CHAPITRE II

DEVOIRS DE L'ÉTAT ET DE LA SOCIÉTÉ
ENVERS LES VOLONTAIRES
DES PROGRÈS DE LA SCIENCE

---

§1.—Insuffisance ou absence des moyens propres à combattre les maux dont souffrent les Volontaires des Progrès de la Science

I

Certes, on a beaucoup fait, depuis notre grande Révolution, pour atténuer les rudes épreuves de tous genres dont souffrent, presque toujours, les *Novateurs, Initiateurs des Progrès*, et souvent, aussi, un certain nombre de leurs continuateurs. Il serait injuste et ingrat de le méconnaître et je m'empresse, au contraire, de rendre hommage à tous ces hommes de cœur et de génie, vaillants et dévoués, qui ont combattu le mal de leur mieux. En agissant ainsi, ils ont été, du reste, eux-mêmes, dans leur genre, des véritables Créateurs de Progrès.

On a fait, en particulier, de grandes améliorations, dans toutes les catégories de *l'enseignement public, officiel, officieux* ou tout à fait *privé*. L'esprit de liberté, de justice, d'encouragement au progrès, etc., a soufflé dans toutes les directions, grâce à la formidable tempête révolutionnaire engendrée et soulevée par nos pères opprimés.

On a, surtout depuis une trentaine d'années, pieusement multiplié, et les autels où se célèbre le Culte de la Science, et ses fidèles de tous rangs. On a fait, aussi, beaucoup d'autres choses.

Et, malgré tout, que de grandes choses il reste, encore, à faire ! Et, parmi celles-là, il y a lieu, que dis-je, il est *urgent*, de fournir, sans lésiner, aux *Volontaires des Progrès de la Science, toutes les facilités, tous les moyens propres* à leur permettre, aussi pleinement que possible, l'accomplissement de leur dure et grande mission sociale : la mission de trouver et de répandre le *Progrès de la Science.*

II

Mais, dira-t-on, probablement, ces moyens, les *Volontaires de la Science* les trouveront dans les fonctions de l'enseignement public. Ils trouveront sûrement, là, et des facilités pour donner libre cours à leurs aspirations scientifiques et progressistes, et une situation sûre, bien rétribuée, honorable, honorée, brillante même, etc.

A mon humble avis, non seulement le remède est tout à fait insuffisant, mais encore, il est même inapplicable à un *véritable Volontaire des Progrès de la Science*.

Je dirais plus, encore : dans l'intérêt supérieur de la Science, du Progrès et de l'Enseignement, il est préférable de ne pas l'employer.

Et pourquoi ? Parce qu'un même homme, ne doit pas, ne peut pas remplir, convenablement, *deux* fonctions aussi absorbantes et aussi différentes que celles de *Vulgarisateur* et de *Chercheur de Progrès*. Et, en effet, quels sont les rôles respectifs du *Professeur* et du *Volontaire des Progrès de la Science* ?

III

Le *Professeur* a pour premier *devoir*, de vérifier les *Vérités scientifiques* vraiment *positives*, classées dans sa spécialité, de s'en pénétrer profondément, d'en séparer nettement les *hypothèses*, les *vues* et les *constructions purement théoriques*, d'établir, autant que possible, les relations qu'elles affectent avec les vérités positives, hypothèses, vues, théories, de même ordre, qui appartiennent aux autres branches de la Science, et de *transmettre, d'enseigner* le tout, à ceux qui l'ignorent, au moyen d'un langage très clair et captivant, illustré des démonstrations expérimentales et des observations directes les plus propres à frapper la vue et tous les autres sens, de façon à faire naitre, dans l'esprit de l'auditeur, la conviction la plus inébranlable et la plus inoubliable.

Il doit aussi s'attacher à indiquer, autant que possible, les différents avantages que l'on peut tirer de l'application de ses connaissances dans la *pratique*.

Le *Professeur*, quel que soit le degré de son enseignement, est, avant tout, un *Vulgarisateur du Connu*. C'est, là, sa fonction sociale.

Il a, pour second *devoir*, de se tenir constamment au courant des progrès accomplis dans sa spécialité et du mouvement général de la science.

Il *doit*, encore, s'efforcer, sans cesse, de perfectionner ses *Méthodes de Vulgarisation*.

Il doit, enfin, rassembler et rédiger toutes les acquisitions positives nouvelles, les fondre avec les anciennes, en les coordonnant, dans des *Ouvrages didac-*

tiques et classiques qui fixent l'état de la Science de son époque dans l'enseignement de sa spécialité.

IV

Il est évident qu'un tel rôle est assez laborieux et assez vaste, pour absorber, pleinement, l'activité de l'esprit le plus fort, surtout à notre époque où le travail scientifique prend des proportions colossales, et pour empêcher, ainsi, cette activité, de s'étendre, aussi, fructueusement, sur le terrain de l'*Inconnu*.

Il me paraît certain, que le *Professeur* qui se lancera, *sérieusement*, dans la voie des découvertes, sera forcé de négliger sa fonction sociale, de manquer à ses *devoirs* de *Vulgarisateur*.

Bien plus, il s'expose sûrement à remplir, plus ou moins mal, les *deux* fonctions, celle d'*Investigateur*, comme celle de *Vulgarisateur*. Malgré cela, on voit, très souvent, des Maîtres qui s'efforcent d'y ajouter, encore, les fonctions si absorbantes de *Praticien*.

Le plus sage, pour lui, et le plus avantageux, pour le public, c'est donc qu'il ne sorte pas de son grand rôle de *Professeur-Vulgarisateur*.

Qu'il enseigne bien les éléments de la Science dans l'Ecole primaire. Qu'il prépare de bons *bacheliers*, dans l'enseignement secondaire. Qu'il s'efforce de faire d'excellents *Praticiens*, dans l'enseignement supérieur : des *médecins*, des *chirurgiens*, des *hygiénistes*, des *médecins-légistes*, des *juristes*, des *artistes* de toutes catégories, des *magistrats*, des *ingénieurs*, des *architectes*, des *pédagogues*, des *Professeurs-Vulgarisateurs* de l'enseignement supérieur, etc., etc., qu'il s'efforce de préparer ces Praticiens, de façon à ce qu'ils soient toujours, de plus en plus capables de rendre, à la Société, à la Patrie, le maximum de services qu'elle a le droit d'exiger d'eux.

V

Toutefois, il me paraît sage d'introduire, ici, un correctif à ce qui précède.

Bien que je sois convaincu qu'il est *nécessaire* de créer, pour les *Volontaires des Progrès de la Science*, des *fonctions spéciales* où ils pourront se livrer, entièrement, à la recherche et à la réalisation des progrès scientifiques rêvés par eux, et qu'il serait très avantageux, pour les progrès de la Science, et pour la Vulgarisation, de séparer les deux genres de fonctions, cependant, je ne crois pas qu'il faille être absolu et interdire, rigoureusement, la pratique simultanée des deux genres de fonctions.

La liberté, avant tout, en matière de recherches scientifiques et d'enseignement.

Je ne veux faire que poser la légitimité du principe de la séparation des deux fonctions, parce que je le crois juste et fécond.

Si, maintenant, il surgit de ces cerveaux extraordinaires qui soient capables de remplir les deux fonctions également bien, qu'ils agissent selon leurs goûts et leurs aptitudes exceptionnelles.

Si, encore, un *Professeur-Vulgarisateur* veut changer de genre et faire, uniquement, de l'Investigation originale, ou, si c'est l'*Investigateur* de profession qui, après un certain temps, préfère faire de la Vulgarisation, qu'ils agissent selon leurs goûts et leurs aptitudes.

L'essentiel est, pour moi, que les *Progrès de la Science* soient toujours sauvegardés.

VI

Quant au *Volontaire des Progrès de la Science*, son rôle, quoique identique, au moins en principe, à celui du *Professeur-Vulgarisateur*, sur certains points, est cependant, bien différent. Ainsi, comme le *Professeur*, il doit vérifier certaines catégories de vérités scientifiques et s'en pénétrer profondément. Il devrait même posséder à fond, et l'*Histoire de la Science*, théorique et pratique, et l'*Histoire des Méthodes* qui ont servi à l'édifier.

Et cependant, il peut se dispenser de tout cela, au préalable, pour le moins. Il peut n'avoir qu'un savoir général très restreint qui peut même être nul, dans certains cas.

Ce qui caractérise, par dessus tout, le *Volontaire des Progrès de la Science*, c'est l'*Idée originale*, l'*Idéal*, qui est née dans son esprit et qui le tourmente. C'est le *Génie*.

Il entrevoit, ou voit clairement, un *Progrès* à réaliser. Il *sent* (1), plus ou moins profondément, les avantages qu'il procurera aux hommes, le développement qu'il introduira dans le *Capital mental* de l'Humanité, et il se lance à sa recherche, dans le champ de l'inconnu.

Il lutte contre toutes les difficultés, contre tous les obstacles qui se trouvent, toujours, sur ce champ de surprises. Il invente des outillages, des procédés et des méthodes de recherches appropriés.

____

(1) Jo dis qu'il *sent*, parceque mes méditations me portent à croire qu'il y a un *Sens intellectuel* et que co *Sens* n'est que le *Génie*, lui-même.

Il poursuit, nuit et jour, sans relâche et sans défaillance, *mentalement* ou *expérimentalement* le *Progrès* qui se dévoile, de mieux en mieux, a ses yeux. Il le serre de plus en plus près et ne cesse la poursuite que lorqu'il est parvenu, enfin, à s'en emparer.

Ce jour-là, le *Volontaire des Progrès de la Science* a arraché une parcelle ou un lambeau à l'immensité de l'*Inconnu*. Il l'a ajouté au petit domaine de nos connaissances, après l'avoir transformé en *Vérité positive*. Son Génie a agrandi la Science.

On en conviendra, je l'espère, sans difficulté : Ce rôle, là, est assez laborieux, assez rempli de difficultés de tous genres, pour absorber toute l'activité de celui qui l'exerce. Ce rôle est, aussi, assez noble et assez fécond, pour être considéré, non pas comme un rôle *accessoire*, mais comme le *premier* de tous les rôles exercés par le personnel scientifique d'une nation, comme une *fonction spéciale* et *dominante* dans la hiérarchie des fonctions scientifiques.

VII

D'autre part, le *Volontaire des Progrès de la Science* manquant, généralement, des qualités si précieuses et assez rares de l'*art oratoire* que doit posséder le *Vulgarisateur*, vouloir l'obliger à remplir, quand même, le rôle de *Professeur-Vulgarisateur*, c'est l'exposer, fatalement, à faire de la mauvaise vulgarisation, à mal remplir cette fonction spéciale et si importante.

C'est, aussi, enrayer la marche de la Science, puisque tout le temps employé à se préparer et à faire de la vulgarisation sera autant de rogné, sur le temps qui devrait être, entièrement, consacré au développement du *Progrès*.

Qu'on veuille bien se rappeler, par exemple, *Berthollet*, l'auteur de tant de travaux originaux et féconds, arraché à son *Laboratoire* et placé, devant les élèves de l'Ecole normale, comme *Professeur-Vulgarisateur*.

« Le respect, dit *Cuvier* (*Eloge de Berthollet*), « que l'on portait à la profondeur de son génie ne « put faire illusion sur l'obscurité et le peu d'ordre de « ses expositions. On aurait dit que, toujours maître « de sa matière, pouvant la prendre, à volonté, par tous « ses points, il supposait, dans ses auditeurs, la même « capacité ; et c'est toujours de la supposition con- « traire qu'un professeur doit partir ».

Il serait facile d'ajouter, à cet exemple, un grand nombre d'autres cas. Mais, est-ce bien nécessaire ? L'évidence n'est-elle pas suffisante ?

VIII

Il y a, encore, d'autres raisons fort importantes qui démontrent que la fonction de *Professeur-Vulgarisateur* de l'enseignement officiel ne peut pas être considérée comme une situation susceptible de convenir à tous les *Volontaires des Progrès de la Science*.

En effet, ces fonctions ne sont données, comme on sait, qu'après l'obtention d'une série de grades universitaires, ou qu'après une série de concours.

Tout cela est fort bien, assurément, mais est souvent contraire à la nature, aux diverses qualités, ainsi qu'aux défauts, de la plupart des *Volontaires des Progrès de la Science*.

Qu'on me passe l'expression : Ils constituent, souvent, des morceaux et des blocs beaucoup trop gros, pour passer dans les mailles de ces tamis-là. Cette sorte de *tamisage* expose fort ceux qui le pratiquent à mettre, au rebut, nombre de pierres précieuses encore mal définies et peu reconnaissables ou mal dégrossies.

Les exemples sont nombreux qui démontrent les méprises, les surprises et les injustices, auxquelles expose ce tamisage.

Je ne veux en citer, ici, qu'un seul, parce qu'il est bien notoire, celui de *Cl. Bernard*, notre célèbre physiologiste expérimentateur et philosophe, qui fut repoussé, dédaigné, au concours d'agrégation de physiologie, mais qui, bientôt après, éclipsait tous ses maîtres, concurrents et émules, puis, imprimait, pendant 20 à 30 ans, un éclat incomparable à la physiologie française. par l'originalité, la multiplicité et la fécondité de ses découvertes, ainsi que par l'ampleur de son enseignement.

Et pourquoi ces surprises, ces injustices criantes ?

C'est que l'*uniformité* de pensée avec le Jury ou avec son membre le plus influent, la *subordination* de la pensée, surtout, sont les meilleures garanties de réussite, dans un concours.

Or, la qualité dominante du *Volontaire des Progrès de la Science*, ce n'est pas seulement de l'uniformité de pensée. C'est, très souvent, de la *différence* de pensée. C'est, toujours, de l'*originalité* et de la *supériorité* de pensée, c'est-à-dire, précisément, tout ce qu'il faut pour réaliser le *Progrès*.

Malheureusement, dans un concours, cette divergence, cette originalité, cette supériorité de pensée, sont, presque infailliblement, mortelles, pour le candidat qui les possède et qui est assez téméraire pour les exposer. Et plus cette divergence est grande, et plus elle est mortelle, dans beaucoup de cas.

Donc, le concours est, presque inévitablement, une façon de procéder contraire au *Progrès de la Science.*

Il peut devenir, aussi, très facilement, une source féconde en injustices, car il constitue une sorte de paravent, à l'abri duquel, peut, malgré les apparences contraires, s'exercer commodément le *favoritisme.*

IX

Si les *Volontaires du Progrès* manquent ou peuvent manquer, souvent, des connaissances générales, des qualités oratoires, etc., exigées, avec raison, comme gages de l'aptitude à bien remplir la fonction de *Professeur-Vulgarisateur*, inversement, les examinateurs, les membres d'un jury de concours, peuvent manquer des moyens d'appréciation nécessaires, pour mesurer la valeur fondamentale de ces mêmes candidats.

La grandeur à mesurer risque fort de ne pas rencontrer, dans le Jury, d'appareil de mesure suffisant, ou de n'y trouver que des appareils de mesure qui ne sont point appropriés à sa nature.

Quel est donc, par exemple, l'examinateur ou le

jury de concours qui aurait pu apprécier justement, peser, la *valeur intellectuelle* d'un *Copernic* ou d'un *Galilée*, à l'époque où leurs génies élaboraient les grandes vérités astronomiques qui font notre admiration ?

Donc, cela est évident, si l'*Examen* ou le *Concours* sont des procédés de mesure admissibles, on peut même dire de bons procédés de mesure, pour une *certaine catégorie d'intelligences et de savoirs*, ils peuvent être, aussi, tout-à-fait insuffisants, pour un grand nombre, sinon pour tous les *Volontaires des Progrès de la Science*, et, par conséquent, *néfastes* à cette Science, ainsi qu'aux hommes qui en tirent leur puissance.

En somme, si le concours peut être un procédé de sélection utile, jusqu'à un certain point, pour les petites et les moyennes fonctions, il ne saurait être appliqué, sans de graves dangers, pour les grandes fonctions scientifiques destinées à créer le *Progrès de la Science*.

C'est, sans doute, pour ces raisons que l'*Allemagne*, parmi beaucoup d'autres nations, ne s'en sert pas. Et elle n'a point à s'en plaindre, loin de là.

Son grand procédé de sélection est basé, non pas sur une brillante épreuve de quelques semaines, mais sur les succès remportés, par le Candidat, pendant un long, très long exercice, plus ou moins officieux et même tout à fait officiel, de la fonction.

Et c'est là, encore, semble-t-il, le procédé de sélection scientifique le plus sage et le plus fructueux, à tous les points de vue.

§ 2.—La création de Fonctions scientifiques spéciales, pour les Volontaires de la Science, s'impose

I

Les conclusions suivantes découlent, évidemment, des différentes considérations exposées précédemment :

1° Les *Volontaires des Progrès de la Science* sont les principaux, sinon les seuls, *Créateurs des Progrès.* Leurs découvertes, leurs différents travaux, sont les principales sources de la *Science*, de la *Puissance* et de la *Gloire* de leur Patrie et de l'Humanité.

2° Si on a fait de grands sacrifices pour les divers degrés de l'enseignement public, il faut reconnaître que l'on a fait, encore, relativement bien peu de choses, pour cette catégorie de travailleurs tout spécialement.

Ils donnent tout ce qu'ils possèdent et meurent, presque tous, dans la misère.

3° Ces *Volontaires* ne peuvent pas et ne doivent pas trouver, dans les fonctions publiques de *Professeur-Vulgarisateur*, une situation suffisante, qui puisse leur permettre de satisfaire, pleinement, leurs aspirations vers le progrès scientifique, conformément à leur destination naturelle.

4° La grande *loi* de la division du travail et des fonctions qui s'est imposée, jusqu'ici, tant les avantages de son application sont grands et nombreux, dans toutes les branches de l'activité humaine, s'impose plus encore et s'imposera, de plus en plus, dans l'*activité scientifique*.

II

Il résulte, de tout cela, que la création, pour les *Volontaires des Progrès de la Science*, de fonctions scientifiques spéciales ayant pour but principal, sinon unique, d'agrandir sans cesse le domaine de nos connaissances positives, aux dépends de l'Inconnu, s'impose plus que jamais et que cette création est le seul moyen efficace qui puisse remédier aux maux dont souffrent, à la fois, la *Science*, ses *Volontaires* et le *Progrès*.

Cette création s'impose, aujourd'hui, et s'imposera fatalement d'autant plus, dans l'avenir, que les futures guerres internationales seront, de plus en plus, des guerres industrielles, commerciales, financières, c'est-à-dire, économiques, et, conséquemment, scientifiques, puisque l'*Economie sociale* dépend déjà, elle-même, et dépendra sûrement, de plus en plus, de la Science.

Les soucis quotidiens engendrés par la satisfaction des besoins matériels de l'existence paralysent la bonne volonté, étouffent ou tendent à étouffer le génie des *Volontaires de la Science*. Il faut les affranchir, autant que possible, de ces terribles soucis, sans cesse renaissants, pour qu'ils puissent se consacrer, entièrement et plus fructueusement, à la recherche des vérités scientifiques.

On l'a fait largement, et on a bien fait, puisqu'il le *fallait*, et qu'il le *faut* toujours, sous peine de mort, pour l'*Armée des Volontaires de l'Epée qui tue*. On doit le faire, aussi, pour l'*Armée des Volontaires de la Pensée qui féconde*. Je devrais même dire, *surtout*, car, en bonne logique, la *Pensée* doit passer avant l'*Epée* qui, elle, en principe, ne doit être forgée et tirée, au besoin, que pour la soutenir et la défendre.

III

Depuis un certain nombre d'années, déjà considérable, on s'est efforcé d'améliorer, sans cesse, le sort des *Ouvriers de l'activité musculaire,* de tous les Créateurs du *Capital matériel.*

Et certes, ce n'est pas moi qui songerai à m'en plaindre, moi, né, élevé, au milieu d'eux, moi un véritable enfant du peuple, qui ai consacré une bonne partie de mon existence à étudier et à soulager leurs misères, dans leurs familles même, et qui estime qu'on ne fera jamais trop pour combattre leurs maux.

Mais, qu'a-t-on fait pour améliorer le sort des *Ouvriers de l'activité mentale,* des Volontaires de la *pensée scientifique,* de la *pensée philosophique,* de la *pensée sociologique* et *économique,* de la *pensée littéraire,* de la *pensée artistique,* de tous les *ouvriers créateurs du Capital mental* de la Patrie et de l'Humanité? Il faut l'avouer, on a fait, encore, bien peu de choses, en comparaison de ce qu'exigent, et la grandeur de l'*Idéal* rêvé, et les maux dont souffrent, trop souvent, ceux qui le poursuivent.

Cependant, en principe et en bonne logique, ne devrait-on pas commencer par améliorer et développer, le plus possible, les situations des *Ouvriers de l'acti-*

vité mentale ? Et en effet, de même que la *Pensée* doit passser avant l'*Epée* qu'elle inspire et gouverne, ainsi la *Pensée*, l'*activité mentale*, doit passer avant l'*activité musculaire* qu'elle inspire et gouverne, aussi, toujours.

IV

Les *Maîtres* de l'activité mentale sont, en somme, les *banquiers* de la pensée. Et, je vous le demande, que deviendraient ceux qui *pensent à crédit*, si ces banquiers là fermaient leurs guichets ? Il paraît évidents qu'ils retomberaient, rapidement, à l'état de grands singes.

Et, en effet, ce sont les grands Maîtres de la pensée qui ont été les apôtres et les créateurs de la Civilisation humaine.

Embrassez, dans une vue d'ensemble, l'histoire des Progrès de l'esprit humain, comme l'a fait *Condorcet*, notre grand philosophe, puis supprimez, environ 200 de ces maîtres de la pensée, et il apparait que l'Humanité n'aurait, très probablement, pas pu dépasser, de beaucoup, le niveau de la civilisation des Sociétés animales.

Que l'on y réfléchisse un instant, si c'est nécessaire, et l'on reconnaitra, que *toujours la Pensée précède* l'*Acte conscient* ; que toujours et partout, la *Pensée* est, au fond, à côté, en avant et au dessus de l'*Acte conscient*.

Bien plus, on pourrait, peut-être, aller encore plus loin, et dire que la *Pensée* se trouve même au fond de l'*Acte inconscient*. Mais, l'évidence de cette supposition n'existant pas, il serait nécessaire de faire l'examen des différentes *formes de la pensée*, de passer en revue l'*origine*, les *processus de formation*, la *nature*, la *hiérarchie*, etc., des *Pensées* et je ne puis m'engager, ici, dans ce travail de *Psychogénèse*. Ce n'est vraiment, ni le moment, ni le lieu. Du reste, je reprendrai, ailleurs, cette grande question qui, déjà, m'a longtemps préoccupé et occupé.

Ainsi donc, cela est évident, il est juste, sage, nécessaire, de donner, aux *Ouvriers de l'activité mentale*, aux *Créateurs du Capital mental*, toutes les facilités, toutes les commodités, pour qu'ils puissent exercer et développer, le plus fructueusement possible, cette activité.

Tous les avantages nouveaux réalisés par les ouvriers de l'activité mentale ou *théorique*, seront sûrement, mis en valeur, un jour ou l'autre, par les ouvriers de l'activité musculaire ou *pratique*. Le *Capital matériel* prendra, ainsi, forcément, un accroissement suivant un certain cœfficient difficile à définir, mais sûrement élevé.

V

Parmi les ouvriers de l'activité mentale ou théorique, il faut, surtout, favoriser les *Volontaires de la Science positive expérimentale*, parce qu'ils sont, à la fois, des *théoriciens* et des *expérimentateurs*, c'est-à-dire, des *praticiens*, parce qu'ils contribuent, ainsi, plus directement et plus fructueusement, à créer le *Capital matériel*.

Toutes les *Industries*, les grandes comme les petites, c'est-à-dire, toutes les formes de l'activité pratique qui ont pour but de *modifier*, d'approprier les *Êtres* et leurs *phénomènes* à la satisfaction des besoins de l'homme et des sociétés, découlent, naturellement, de l'*Observation spontanée*, et beaucoup plus, sinon uniquement, de l'*Observation provoquée* par l'*expérimentation*.

L'*Observation* et l'*Expérimentation*, qu'elles soient très peu. pas du tout, ou tout à fait conformes aux règles de la *Méthode théorique,* ce qui vaut infiniment mieux, assurément, sont toujours, ainsi, les deux sources fondamentales de la *Science* et du *Progrés.*

L'Observation et l'Expérimentation ne pouvant être pratiquées, par les Volontaires de la Science positive, que dans des *Laboratoires* appropriés, il faut créer et organiser, *sans lésiner*, ces Laboratoires.

On ne peut pas fixer de limite à leur nombre. La création doit-être faite chaque fois que surgit un *vrai Volontaire des Progrès de la Science positive* qui la justifie par ses travaux originaux, théoriques et expérimentaux, par la sincérité et la ténacité de son amour et de son dévouement pour la Science.

§ 3. — De la nécessité de créer un Budget des Progrès de la Science positive

I

L'organisation d'un *Laboratoire* exige, de nos jours, presque toujours, non seulement, des *outillages* très variés, compliqués, coûteux, mais encore, un *personnel* d'élite comprenant un ou plusieurs *garçons de Laboratoire* très intelligents, instruits, sérieux, capables de comprendre la grandeur de la Science, d'en sentir la beauté, l'incomparable puissance et de lui être tout dévoués.

De tels serviteurs doivent recevoir, non pas une

simple *indemnité* dérisoire, une sorte d'aumône, qui force ceux qui la reçoivent à gagner, ailleurs, un gros supplément pour vivre, comme cela a lieu, le plus souvent, sinon toujours, à notre époque de timides essais et d'économie exagérée, mais un bon *traitement* qui permette, à chaque serviteur, de vivre honorablement et de se consacrer entièrement à la Science, en toute liberté d'esprit.

II

Quand donc, sera-t-il impossible, à ceux qui connaissent la déplorable situation, de dire, avec amertume, que « pour se *consacrer* au Progrès de la Science, en France, il faut être riche ou se condamner à une vie de privations et de misères exagérées » ?

Eh quoi ! les enfants pauvres de notre *Démocratie*, pourtant si soucieuse de leur procurer toutes sortes d'avantages pour développer leurs facultés, n'auront-ils donc, jamais, des moyens suffisants qui leur permettent de se consacrer, entièrement et commodément, à la recherche des vérités scientifiques expérimentales et de s'efforcer de faire accomplir des progrès positifs à la Science ?

Un *Laboratoire* ainsi organisé exigera, forcément,

des frais considérables qui seront, encore, augmentés par les dépenses inhérentes aux recherches expérimentales qui ne peuvent être faites sans destructions.

Enfin, toutes les dépenses seront encore plus fortes, sensiblement plus élevées même, si il s'agit d'un *Laboratoire* où l'on étudie les phénomènes de. la vie normale ou morbide, sur des animaux de taille plus ou moins grande, que l'on rend malades, que l'on détruit, c'est-à dire, s'il s'agit d'un *Laboratoire de Physiologie* ou de *Pathologie expérimentales*.

Mais, qu'importe les dépenses, quand on considère que, seules, elles peuvent nous conduire à dégager, un jour, les lois qui régissent les phénomènes *statiques* et *dynamiques* du *système vivant*, lois dont la connaissance et l'application permettront de guérir ou de perfectionner, sûrement, les organismes des animaux et de l'homme ! Oui, en vérité, les dépenses ne sont rien, en comparaison de l'importance du but à atteindre et des énormes difficultés qui nous en séparent !

La reine et le gouvernement espagnols ont parfaitement compris tout cela, lorsque, après avoir donné une chaire de haut enseignement à *M. Ramon y Cajal*, encore un *Volontaire du Progrès de la Science*, qui n'avait d'autres titres que ses travaux originaux si remarquables, après l'avoir comblé de distinctions honorifiques et d'éloges, dans des fêtes universitaires spécialement organisées pour lui, ont encore ajouté, dans ces derniers temps, pour son *Laboratoire*, une dotation de 80,000 francs.

Voilà, en vérité, des façons de procéder qui sont bien faites pour stimuler les *Investigateurs* espagnols et accroître le *Capital mental* et *moral* de leur nation.

Que de *Volontaires du Progrès*, non moins dévoués à la Science et à leur pays plus riche que l'Espagne, non moins heureux que le savant espagnol, dans leurs recherches, qui, non seulement sont délaissés, au fond de leur misérable *Laboratoire*, mais sont, encore, abandonnés à la misère !

III

Toutes les considérations exposées ci-dessus nous conduisent, forcément, à la nécessité de créer un *Budget des Progrès de la Science*.

Ce *Budget* s'impose, aujourd'hui plus que jamais, et s'imposera, fatalement, de plus en plus, dans l'avenir où les grandes guerres internationales se dérouleront, sans doute, sous des formes nouvelles plus pacifiques, en apparence, mais peut-être aussi meurtrières que les anciennes, dans les champs clos des

Expositions universelles qui sont autant de manifestations grandioses de la puissance et des progrès de la Science.

Donc, ce *Budget* est nécessaire et doit être gros, très gros.

Certes, tout le monde sait, et les membres de l'enseignement public mieux que personne, que les différentes assemblées législatives et les différents gouvernements qui se sont succédés, depuis la fondation de la 3e République, ont fait, beaucoup plus que ne l'avait jamais fait aucun gouvernement, en France, de grands sacrifices, pour améliorer et développer l'enseignement général et la situation de ses apôtres de tous rangs. Et c'est là, un des glorieux titres de notre République.

Il ne faut pas l'oublier. Il faut s'en montrer très reconnaissant. Cependant, quand on considère l'extension qui devrait être donnée à la culture générale du capital mental, et, tout particulièrement, à la culture des sciences expérimentales positives concernant les êtres vivants, les animaux et l'homme surtout, on ne peut s'empêcher de reconnaître que les sacrifices déjà faits sont absolument insuffisants, qu'ils sont même minimes, en comparaison de ce qu'ils devraient être.

Les contribuables et les Pouvoirs législatifs qui

n'ont jamais reculé, ni lésiné, et certes ils ont sagement agi, lorsqu'il a fallu dépenser des sommes énormes, colossales, pour réorganiser la plus formidable *machine de destruction* qui existe et qui ait existé sur la planète, notre grande *Armée*, pour mieux assurer, et la sécurité de la *Patrie* et son triomphe, le cas échéant, comprendront, sans doute, d'autant mieux la nécessité de créer un *Grand Budget des Progrès des Sciences*, que ce budget sera le plus sûr moyen de développer, encore et d'une façon indéfinie, toutes les branches de la *Puissance nationale* et, conséquemment, la puissance même de l'Armée.

L'*Armée de la Lance* étant réorganisée, il faut organiser, désormais, une grande et puissante *Armée de la Science*.

Une *Grande Doctrine scientifique*, philosophique, artistique, économique, politique, sociale et religieuse, soutenue, au besoin, par une *Grande Armée*, tel doit être l'*Idéal* de la France. Cette union, bien entendue et bien réglée, est, seule, capable de maintenir et de fortifier notre chère *Patrie* à la tête de l'*Humanité* et de lui permettre d'entraîner cette Humanité à la conquête du bonheur vers lequel elle tend spontanément et qu'elle rêve.

IV

Tous les esprits positifs sont convaincus, aujourd'hui, que, *seuls*, les Progrès des Sciences engendrent, toujours et directement, la *Puissance*, que cette puissance est d'autant plus grande que la Science est plus développée.

N'est-il pas évident, en effet :

Que la *Richesse* est subordonnée à l'étendue des échanges, c'est-à-dire, au *Commerce* ;

Que le *Commerce* est subordonné à la multitude et à la puissance des procédés et des méthodes pratiques qui permettent d'engendrer l'abondance des *matières premières* et de les approprier à la satisfaction des besoins de l'homme, c'est-à-dire, que le *Commerce est subordonné à l'Industrie* ;

Que les procédés et les méthodes pratiques d'appropriation qui constituent la puissance de l'Industrie découlent, eux mêmes, directement ou indirectement, de la Science théorique et pratique, c'est-à-dire, que *l'Industrie est subordonnée à la Science.*

Donc, cela est évident, la *Puissance* d'une Nation dépend, directement et absolument, de sa *Science.*

C'est, là, une grande vérité fondamentale que l'on

peut formuler en ces deux vers si simples, si clairs et si frappants, écrits par un puissant philosophe que *Gambetta*, notre grand patriote et homme d'Etat, considérait comme « le plus grand penseur du siècle », *Auguste Comte* :

> Savoir, pour prévoir,
> Afin de pouvoir.

Formule si profondément vraie, qu'il m'a semblé, il y a déjà une quinzaine d'années, que l'on pouvait lui donner encore plus de force, en ajoutant :

> Tout par la Science :
> Tout pour la Science.

V

Tels doivent être, selon mon humble avis, les axiomes fondamentaux de la *Foi Scientifique* qui inspireront, rallieront et gouverneront, de plus en plus, tous les esprits et toutes les activités, parce qu'ils contiennent, étroitement unis, tous les principes fondamentaux de la *Puissance intellectuelle*, *morale* et *matérielle*.

Ne perdons jamais de vue que, dans le concert de l'ensemble des Nations qui constituent l'*Humanité*, l'hégémonie appartiendra, sûrement, à celle qui aura le mieux compris, le mieux et le plus largement appliqué, ces deux grandes vérités de la *Philosophie naturelle*.

Si il se trouvait quelqu'un qui fut tenté d'en douter, qu'il veuille bien contempler notre merveilleuse *Exposition Universelle* où toutes les Nations civilisées de de cette Humanité sont entrées en concurrence, qu'il veuille bien les examiner toutes et les comparer. Il se rendra facilement compte, que les Nations les plus puissantes, les plus considérées, sont, précisément celles qui ont su acquérir le plus de Science positive, celles où est le plus développé le Culte de la Science.

Donc, les *Laboratoires* d'observation spontanée ou provoquée par l'expérimentation étant, avec les Cabinets de travail, les *Sanctuaires*, du mathématicien et du philosophe naturaliste, les sources fondamentales de la Science positive, on ne saura jamais trop les développer, les multiplier et les fortifier.

§ 4. — Appel aux Riches en faveur de la Science et des Volontaires de ses Progrès

I

Oui ! Certes, on ne saura jamais trop développer,

multiplier et fortifier, les sources et les sanctuaires de la Science positive : les *Laboratoires*, ainsi que les *Cabinets* de travail des mathématiciens et des philosophes.

Mais, voilà, il y a de grosses difficultés financières pour créer et entretenir ces temples de la Science : il faut dépenser de l'or, beaucoup d'or.

Et, malheureusement, le *vrai Volontaire des Progrès de la Science*, dont l'esprit est toujours entièrement absorbé par un *Idéal*, par un *Progrès scientifique*, alors qu'il y aspire réellement, ne peut même pas se procurer assez de ressources, pour assurer la satisfaction des propres besoins élémentaires de sa vie, cependant, bien modestes. Et si il est chargé de famille, alors, c'est souvent la misère plus ou moins cachée.

Malgré toutes ses grandes qualités, malgré tout son génie, quand il en a, il ne peut être, à la fois, et créateur de la science, et industriel, et commerçant, et financier, etc.

Du reste, le pourrait-il, qu'il serait infiniment préférable, dans l'intérêt public, qu'il obéisse à la grande et féconde loi de la division du travail et des fonctions, qu'il reste *Volontaire des Progrès de la Science*, chercheur **persévérant** du *Progrès*.

Ainsi donc, les *Laboratoires* et leur personnel doivent être créés et entretenus, avec les ressources d'un *Budget spécial* à cet effet, et les Volontaires de la Science doivent être entièrement laissés à la poursuite de leur *Idéal*.

II

Le Volontaire de la Science sait tout cela et s'efforce de faire son devoir, tout son devoir, plus que son devoir.

N'a-t-il que sa *cervelle* à donner ? Il la jette à tous les vents. Il la donne en pâture à tous, sans marchander.

A-t-il, aussi, un *patrimoine* ? Il le donne encore, et, souvent, jusqu'à la ruine.

Et vous, *Riches*, que faites-vous de votre or ? Ah ! certes, je n'ignore pas que quelques-uns d'entre vous, touchés par les misères du peuple, en distribuent généreusement une grosse partie, pour atténuer ses maux. Ils ont droit à sa reconnaissance et à nos chaleureux encouragements. On doit toujours avoir présent à la mémoire les grands exemples de générosité et de solidarité donnés par les *Boucicault*, les *Chauchard*, les *Rothschild*, les *Furtado-Heine*, les *Osiris* et d'autres encore, en grand nombre.

Mais, jusqu'ici, qu'ont fait presque tous les Riches, pour les progrès de la Science, ainsi que pour ses généreux et malheureux volontaires ? Relativement, bien peu de chose encore. Et cependant, quels sujets sont plus dignes d'intérêt et d'êtres aidés ?

III

Je vous en supplie, *Riches*, tournez aussi votre généreux regard vers la Science, vers ses Sanctuaires, vers ses Volontaires. Apportez-leur une partie de cet or, à l'accumulation duquel ils ont, du reste, eux-mêmes ou leurs devanciers, tant contribué.

Ce n'est pas une aumône qu'ils demandent, elle serait encore plus humiliante pour vous que pour eux. C'est une *collaboration pécuniaire raisonnée, intelligente et convaincue.*

Aidez l'Etat à créer et à alimenter un *Budget spécial des Progrès de la Science.*

Imitez ces millionnaires américains, ces grands seigneurs et ces autres princes de l'industrie, du commerce et de la finance, d'Allemagne, qui fondent des *Chaires*, des *Laboratoires*, des *Instituts* et quelquefois même des *Universités.*

Imitez, encore, de généreux donateurs, tels que les

de *Hirsch* (baronne), les *de Rothschild*, les *de Mona-co*, les *Bischoffsheim*, et un certain nombre d'autres.

Ecoutez les appels lancés, récemment, d'une part, par la *Société des Amis de l'Université de Paris*, (voir pages 55 et suiv.); d'autre part, par le Comité de patronage de la *Société de Secours des Amis des Sciences*. (Voir le journal *Le Temps* du 27 septembre 1900 (1).

(1)   Monsieur,

« Entre ceux qui cultivent les sciences, ceux qui les appli-
« quent et ceux qui en sentent le prix, il y a des rapports qui
« les lient étroitement. »

Ces paroles étaient prononcées, il y a quarante-trois ans, par un chimiste à qui l'industrie est redevable de bien des services, le baron *Thénard*. Il voulait, en fondant la *Société de secours des amis des sciences*, établir une œuvre qui reposât sur les plus grands principes de solidarité.

Mettre à l'abri de la misère les hommes qui, par leurs découveites, leurs travaux, leur enseignement, ont été utiles à la science ; étendre cette protection aux veuves de ces savants, puis à leurs enfants qui pourront, ainsi, honorer à leur tour, un nom glorieux ou estimé, tel fut le but que se donna *Thénard* et que n'ont cessé de poursuivre les présidents de la société qui ont été, successivement, le maréchal *Vaillant*, *J.-B. Dumas*, *Pasteur*, *J. Bertrand*.

Il y a quelques semaines, la société donnait la présidence de cette grande œuvre à M. *G. Darboux*, secrétaire perpétuel de l'Académie des sciences.

Depuis l'origine, notre société, reconnue d'utilité publique, a distribué plus de *dix-sept cent mille francs* de secours ; son capital est formé du quart des cotisations annuelles, de la to-

Ecoutez encore et méditez, surtout, les paroles d'un grand bienfaiteur de l'Humanité, de notre immortel *Pasteur*.

« Je vous en conjure, dit-il, dans « *Le Budget de* « *la Science* », prenez intérêt aux *Laboratoires*, à ces « demeures sacrées qui sont les temples de l'avenir,

talité des souscriptions perpétuelles, ainsi que des dons et des legs.

Mais, pour assurer l'avenir, pour être en mesure de soulager les infortunes qui lui sont signalées, chaque année, pour faire face aux charges qu'elle a prises, il lui manque encore bien des adhésions.

Nous nous permettons de vous demander la vôtre.

Au moment, monsieur, où la part que vous avez eue à l'Exporition universelle vous a rendu plus spécialement juge et témoin de ce que peuvent, sur tant de points divers, les applications de la science, nous pensons que notre société — dont les secours ont un caractère de récompense pour les services rendus — est digne d'attirer, plus particulièrement, votre attention et votre sollicitude.

Veuillez agréer, Monsieur, les assurances de nos sentiments très distingués.

> G. Darboux, Henri Moissan, Gréard, Edmond Perrier, Léon Aucoc, M. Berthelot, Ch. Hermite, P. Brouardel, A Poirier. Al. Riche, H. Sébert, A Sartiaux. Marcel Deprez, Mannheim, Chatin, Henry Boudet, Adrian, Henri Péreire, Λ Laussedat, R. Vallery-Radot, R. Fouret, E. Mascart, Alfred Grandidier, Gauthier-Villars, René Berge, J. Carpentier, R. Bischoffsheim, Duval, P. Christofle.

« de la richesse et du bien-être. Demandez qu'on les
« multiplie et qu'on les orne.

« C'est là que l'Humanité grandit, se fortifie et de-
« vient meilleure. Elle y apprend à lire dans les œuvres
« de la nature, œuvres de progrès et d'harmonie
« universelle, tandis que ses œuvres, à elle, sont,
« trop souvent, celles de la barbarie, du fanatisme et
« de la destruction. »

TROISIÈME PARTIE

PROJET D'ORGANISATION
DE LA CONQUÊTE DE LA SCIENCE

CHAPITRE I

NÉCESSITÉ D'ORGANISER LE PROGRÈS
DE LA SCIENCE ET DE LA PENSÉE

**§ 1.— Développement de l'Enseignement public
sous la troisième République**

Notre *République*, inspirée par le grand *Idéal de
régénération* intellectuelle et corporelle, morale et
sociale, qui se dégage de sa doctrine, a fait de très
gros sacrifices, depuis plus de trente ans, pour développer toutes les catégories de l'*Enseignement*. Edu-
cation pratique, mécanique et professionnelle, de la
musculature et des sens, d'une part, instruction théo-

rique, scientifique et artistique, civique et philosophique, etc., d'autre part, rien n'a été négligé.

Pour réaliser l'*Idéal rêvé*, elle a édifié, pour les deux sexes et pour tous les âges, d'innombrables constructions architecturales salubres, spacieuses et bien organisées, telles que, en remontant des plus simples aux plus compliqués : *Crèches* et *Ecoles maternelles* hygiéniques et abondamment pourvues de jouets ; *Ecoles communales* ; *Collèges* et *Lycées* ; *Instituts, Facultés* et *Universités* ; grandes *Ecoles professionnelles*, agricoles, industrielles, artistiques, commerciales et financières, militaires et maritimes, etc., etc.

De plus, elle a formé directement, ou favorisé la création, d'innombrables *Sociétés d'Enseignements* de tous genres dont le but est de développer et de perfectionner les qualités physiques, intellectuelles, morales et sociales de l'Homme, pour améliorer les conditions générales de sa vie.

Elle a doté chacune de ses *Ecoles* d'un *matériel confortable*, de belles *collections spéciales* et, quelquefois, de riches *musées* appropriés aux besoins de son enseignement, et, elle a remis le tout entre les mains d'un *personnel nombreux*, instruit et dévoué.

Enfin, on peut presque dire que, grâce à cette

longue série d'efforts et de sacrifices continus, elle est parvenue à couvrir le territoire de la France de foyers de lumières qui permettront à la Nation de marcher, sur la grande voie du Progrès, d'un pas plus sûr, vers l'Idéal rêvé.

Aujourd'hui, l'Œuvre est gigantesque. Le temps se chargera sûrement de la perfectionner, de la féconder, et de lui faire produire les précieux résultats qu'on en attend.

§ 2. — Le grand Corps de l'Enseignement public a une tête trop petite et mal organisée

Cependant, si l'Œuvre est géante, néanmoins, elle est, encore, loin d'être achevée. L'organe à y ajouter, c'est le cas de le dire, est même vraiment *capital* : l'Œuvre pêche par la petitesse et le défaut d'organisation de la *Tête*. Le Corps est immense, et la Tête est toute petite.

En effet, presque toutes les Ecoles, sinon toutes, ont une destination exclusivement ou surtout *pratique*. Les hommes éclairés et ardents qui ont édifié cette grande Œuvre ont eu, surtout, le souci de répandre, à profusion, dans le peuple, de vulgariser, les Connaissances bien acquises, sûres, immédiatement applicables, c'est-à-dire, vraiment pratiques. Et ils ont créé ou perfectionné, surtout, des *Organes de Vulgarisation du Connu pratique.*

Ils ont, ou complètement laissé de côté la création des *Organes d'Investigations de l'Inconnu,* c'est-à-dire, des *Organes du Progrès scientifique,* ou, quand ils ne les ont point oubliés, quand ils s'en sont occupés, ils les ont plus ou moins fusionnés avec les Organes de Vulgarisation.

Les *Organes d'Investigation de l'Inconnu,* vraiment indépendants et spécialisés, sont relativement très rares. Et on peut ajouter que ceux qui existent sont, presque tous, bien mal organisés, bien mal dotés, ils sont délaissés, abandonnés dans la misère.

Il y a, là, un état déplorable, pernicieux, intolérable, pour une grande Nation, comme la France, toujours avide de lumières et de *Progrès.*

Certes, on ne saurait blâmer les organisateurs de notre enseignement public d'avoir commencé leur grande *Œuvre de réforme* par la réorganisation, la création ou le développement, des *Ecoles de Vulgarisation* des connaissances bien acquises et pratiques, puisque se sont ces connaissances là qui constituent les conditions fondamentales de la richesse et de la puissance d'une nation.

En procédant ainsi, ces organisateurs ont opéré avec méthode et sagesse. Ils ont consacré leur activité au plus pressé, au plus urgent. Ils ont agi en bons praticiens et on doit leur en être très reconnaissant.

§ 3. — Nécessité d'Organiser
un Centre puissant des Progrès de la Science

La création des *Ecoles de Vulgarisation* des Connaissances positives et pratiques étant achevée, ou presque achevée, il faut, maintenant, créer un grand *Centre d'exploration de l'Inconnu* qui permette d'entreprendre et de poursuivre fructueusement, sans cesse, la *Conquête de Vérités scientifiques nouvelles* et d'assurer solidement, ainsi, le *Progrès de la Science.* Il faut, ainsi que je l'ai déjà dit (p. 99), créer et organiser, à coté des *Fonctions de Vulgarisation du Connu, des Fonctions d'Investigation de l'Inconnu.* Et cette organisation doit être comprise et exécutée de telle façon que l'Esprit humain puisse, toujours, se lancer, aussi fructueusement que possible, dans toutes les directions où il oriente sérieusement son activité, à la poursuite du *Progrès.*

Il faut que le *Penseur,* le *Critique,* l'*Orateur,*

l'*Ecrivain*, l'*Artiste* l'*Historien*, le *Philologue*, le *Savant*, l'*Observateur*, l'*Inventeur*, l'*Expérimentateur*, l'*Encyclopédiste*, le *Philosophe*, le *Moraliste*, etc, etc, quelle que soit la spécialité et la caractéristique de son activité, mentale ou musculaire., puisse, toujours, exercer cette activité, librement, et même, aussi honorablement, aussi commodément que possible, si il est sérieux, sincère et convaincu, vraiment désireux de concourir au développement de la *Science*, si il est un véritable *Volontaire du Progrès de la Science et de la Pensée*.

Il faut, enfin, organiser et orienter, vers un *Grand Idéal*, l'*Armée des Chercheurs*, l'*Armée de la Science*. Il faut organiser largement et puissamment, la *Conquête du Savoir théorique et pratique*, sous toutes ses formes connues et imaginables.

La création et l'organisation d'un grand Centre de recherches, vraiment puissant, constituera une *Source de Progrès* large et profonde où les *Ecoles de Vulgarisation* viendront puiser et s'abreuver des *Vérités* qu'elles répandront, ensuite, dans la *Nation* et dans l'*Humanité*.

§4. — Nécessité de dégager et de formuler un puissant Idéal scientifique, philosophique et religieux

J'ai la ferme conviction que, le jour où un tel Centre existera et fonctionnera pleinement, un *Grand Idéal nouveau*, un *Idéal scientifique*, surgira, et notre pauvre *France*, aujourd'hui désorientée, paralysée par l'indécision, le doute et l'ignorance, minée par l'anarchie intellectuelle et morale, tourmentée par des sentiments discordants ou contraires, périodiquement et convulsivement agitée par des passions aveugles, incohérentes et violentes, j'ai la conviction, dis-je, que, ce jour là, notre *France* bien-aimée se régénérera rapidement, reviendra à la santé, reprendra l'état normal, une vitalité nouvelle, une vigueur et une énergie inconnues.

Toutes ses forces équilibrées, enfin, par une *Conviction commune* et par un puissant *Idéal scientifique*, dans un fonctionnement harmonieux et persistant, lui procureront le bonheur auquel elle aspire naturellement. Et cet équilibre lui permettra, sans doute, de séduire, d'entraîner les autres nations, et d'accomplir, ainsi, la grande destinée qui semble lui revenir dans l'Humanité.

Oui, ce qui manque, aujourd'hui, à notre France, c'est, ainsi que je l'ai dit plus haut, une grande *Doctrine scientifique* capable de rétablir son *Equilibre mental*, et de maintenir cet équilibre dans un certain degré de stabilité, c'est un grand *Idéal scientifique* capable de réchauffer son cœur refroidi, de le stimuler, de le passionner, de l'attirer, régulièrement et continûment, sur la voie sans fin du perfectionnement individuel et social.

Et cette grande *Doctrine scientifique*, et ce grand *Idéal scientifique* de perfectionnement, ne pourront être élaborés, formulés, systématisés et soumis aux essais préliminaires nécessaires, que dans le grand Centre scientifique organisé comme il est indiqué ci-dessus.

Il faut donc créer et organiser ce Centre. Cette organisation est commandée par l'intérêt. Elle est commandée, aussi, par la *Loi* de la division et de la spécialisation du travail et des fonctions qui régit le fonctionnement et le développement des organismes collectifs, de plus en plus compliqués, végétaux, animaux, humains et sociaux.

CHAPITRE II

GRANDES ÉCOLES SPÉCIALES DES PROGRÈS DE LA SCIENCE ET DE LA PENSÉE

§ 1. — Collège de France

La nécessité de créer un Centre d'études spécial pour assurer les *Progrès de la Science et de la Pensée*, a été vaguement ressentie, par les esprits de haute élite et de haute culture de la fin du Moyen-Age et du commencement de la *Renaissance des Lettres, des Arts et des Sciences*, par les esprits originaux et amis du *Progrès*, en présence de l'immobilité, de la stagnation ou de la médiocre originalité de l'enseignement des chaires de vulgarisation de *l'Université de Paris*, de l'époque, et, surtout, de la célèbre Ecole de Théologie créée par *Robert de Sorbon* (1201-1274), la *Sorbonne*.

A. — Centres de Progrès
antérieurs au Collège de France

L'Histoire nous apprend (1) que le sentiment de cette nécessité fut inspiré, tout d'abord, par l'étude approfondie des *Langues orientales*, et, spécialement, par celle des Langues grecque, arabe, tartare, chaldéenne, hébraïque, latine, etc. Elle nous montre qu'*Innocent IV* (avant 1248), *Roger Bacon, Raymond Lulle* (1275 et 1298), *Pierre Dubois* (1306), *Philippe de Mézières* (1384), etc., font ressortir, successivement et clairement, que c'est dans l'étude approfondie des langues orientales que se trouve la source principale du Progrès des Lettres, des Arts et des Sciences.

On y voit que ces langues furent sucessivement enseignées surtout :

A Paris, tout d'abord, de 1250, environ, à 1374, au *Collège de Constantinople* situé tout près de la place Maubert, puis, par *Paul de Bonnefoy* (1420), *Grégorio Tiphernas* (1455), *Georges Hermonyme* (1476), maître de *Guillaume Budé* et de *Jean Reuchlin*, les

(1) Consulter, surtout, la très intéressante « *Histoire du Collège de France* » de M. *Abel Lefranc*, un vol. in-8 de 432 p. 1893, Hachette édit. Paris.

grands érudits de la Renaissance, par *Jean Lascaris* (1495), second maître de *Budé*, par *Girolamo Aléandro* (1508) ;

En Italie, par *Léonce Pilate* (à partir de 1430), puis, par *Pétrarque* et *Boccace* ;

En Allemagne, par le grand *Reuchlin*.

Cet enseignement eut, naturellement, pour résultat immédiat, de développer le goût pour l'étude des langues orientales, ainsi que de multiplier les adeptes et les maîtres de ce genre d'études, en en faisant mieux ressortir la haute importance.

Une belle passion pour ce genre d'études s'empare, rapidement, des esprits les plus cultivés et les plus soucieux d'agrandir, sans cesse, le cercle des connaissances. On fonde des Écoles de Langues Orientales dans différents pays :

Le Cardinal *Bessarion* institue, dans le XVe siècle, une Ecole à Venise ;

Le pape *Léon X* en fonde une autre, à Rome, en 1515 ;

Le chanoine *Busleiden* crée, à Louvain, en 1517, le *Collège des Trois Langues* ;

De son côté, le Cardinal *Ximenès* édifiait, en Espagne, de 1498 à 150?, la merveilleuse *Université d'Alcala de Henarès*, en groupant un certain nombre de

Collèges spéciaux dont le *Collège de Théologie* occupait la tête. Ce foyer incomparable d'études supérieures, qui englobait les connaissances humaines de tous genres, servit de modèle pour l'organisation des grandes *Universités d'Oxford* et de *Cambridge.*

B. — Origine du Collège de France

François 1er, déjà passionné pour les *Lettres*, les *Arts* et les *Sciences*, et qui, depuis longtemps, nourrissait de grands projets, pour assurer le développement de leurs progrès, visita l'*Université d'Alcala*, en août 1525, étant captif de *Charles-Quint.* Il en fut émerveillé, bien qu'il rêvat de créer une œuvre encore plus grandiose.

Aidé, encouragé, poussé, entraîné, par *Poncher*, son confesseur, *Guillaume Petit*, *Jacques Colin*, son aumônier, *Cop*, son médecin, le Cardinal *du Bellay*, *Jean Lascaris*, *Marguerite de Navarre*, et, surtout, par le grand érudit *Guillaume Budé* qui, pendant 14 ans, se consacra à la réalisation de ce beau projet, *François 1er* créa, enfin, le 24 mars 1529, la *Grande Ecole* qui, dans la suite, devait porter le beau nom de « *Collège de France.* »

En apprenant la nouvelle de cette création, le jeune

érudit flamand, *Jean Stratius*, s'écria : « C'est un fleuve que le roi va faire couler qui arrosera bien des terres et qui les rendra fécondes. » (*Adresse de félicitations à la reine Eléonore, sœur de Charles-Quint et épouse de François 1er*).

Dès le début, il y eut deux cours de grec, deux cours d'hébreu et un cours de mathématiques. Un nouveau cours d'hébreu fut ajouté, en 1531, et un cours de latin, en 1534.

Calvin fut un des premiers et des plus assidus élèves de la *nouvelle Ecole*, ainsi, paraît-il, que *Loyola, Rabelais. Pierre Lefèvre, François Xavier*.

La nouvelle Ecole n'avait point, encore, de domicile à elle. Les cours étaient dispersés dans les *Collèges* de *Cambrai*, de *Tréguier*, des *Lombards*, du *Cardinal Lemoine*, en attendant que le vaste et magnifique Palais que le roi avait décidé d'édifier sur l'emplacement de l'*Hôtel de Nesles*, plus tard occupé par le *Palais Mazarin* et aujourd'hui par l'*Institut de France*, fut construit et organisé.

Le roi rêvait, en effet, de faire un Palais grandiose et de très longue durée. Les passages suivants extraits de plusieurs de ses écrits authentiques le prouvent bien :

A. — « J'ay advisé, écrit-il, assembler et recouvrer une
« bonne et grande quantité de livres, tant grecs que latins, des
« meilleurs et plus singuliers aucteurs qui se pourront trouver,
« pour mectre et colloquer en une *belle* et *sumptueuse* librairie
« que je fais faire en mon royaume, et pareillement quelques
« singulières antiquailles, s'il s'en peult trouver, et pour cest
« effect, j'ai donné charge à Me *Hiérosme Fondule*, mon aul-
« monier et secrétaire de ma Chambre, aller prés ntement en
« Italie pour faire rechercher des dictz livres et antiquailles et
« iceulx me recouvrer et achapter ». (*Extrait d'une lettre
adressée au Duc de Ferrare, le 18 septembre 1538*).

B. — « Comme nous avons sur toutes aultres choses
« singulièrement desiré les bonnes lettres qui, par un long
« temps, ont été discontinuées ou peu honorées en notre
« royaulme, *estre de notre temps restaurées et ramenées en
« lumière pour l'instruction et ediffication des bons esprits et
« professeurs en toutes sciences.*

« A quoy nous avons mis toute diligence à nous possible, et
« en ce faisant introduict plusieurs bons notables personnaiges
« de grant sçavoir et expérience es trois langues principalles,
« lesquelles sont aujourd'hui par nostre royaulme *plus que en
« nul autre cellebrées et décorées, à la grande repputation
« d'icelluy et louenge immortelle de nous,* qui voullons mieulx
« que jamais continuer ce *tant louable Œuvre et donner toutes
« les commodités nécessaires* aux Lecteurs et Professeurs esdites
« lettres pour vacquer à leurs lectures, estudes et professions.

« A ceste cause nous avons delibéré et resollu de leur cons-
« truire et ediffier en nostre logis et place de Nesles à Paris et
« aultres places qui sont à l'entour, que nous avons fait marc-
« quor, un *beau* et *grand* Colleige qui sera appelé le *Collège
« des Trois Langues,* accompaigné d'une *belle* et *somptueuse*
« église, avec autres ediffices et bastiments, dont les pour-

« traicts et desseings ont esté faicts et projettez ». (Extrait de
la « *Commission pour faire le payement du batiment que le
roi voulait faire en l'hotel de Nesle à Paris* », document daté
du 19 décembre 1539).

Le gigantesque Palais rêvé par *François I*[er] devait
être « cent fois plus magnifique que n'est Bonivet, ne
« Chambourg, ne Chantilly ». Il devait être doté d'un
revenu de 100,000 livres (*Duchatel, Galland*). Toutes
les Sciences et toutes les Langues devaient y être
enseignées gratuitement.

Il institua du 24 mars 1529 au 31 mars 1547, date
de sa mort, 19 à 20 « *Professeurs royaux* », au moins,
qui se partageaient l'enseignement des *Lettres* et des
Sciences (Langues, Mathématiques, Médecine, Philosophie, etc). Son intention était d'en instituer un
nombre beaucoup plus grand.

Quelques années avant sa mort, le roi octroya des
bénéfices à plusieurs de ses Lecteurs et Professeurs.

En mars 1546, il accorda, à la Corporation des
« *Professeurs royaux* », des lettres de *committimus*
qui les soustrayaient aux juridictions ordinaires, pour
les rendre justiciables de la Chambre des requêtes.

En même temps, il reconnaissait, à leur corporation, une sorte de personnalité morale, et conférait, à
leurs fonctions, un caractère pour ainsi dire indélébile

qui en rehaussait le prestige dans une mesure appréciable. (*Acte du 23 mars 1546 qui est la véritable charte de fondation du futur Collège autonome*) (1).

Et c'est en faisant toutes ces grandes choses que *François 1er* mérita le beau nom de « *Père des Lettres* » que l'Histoire reconnaissante lui a décerné.

Si le Corps des professeurs désigné, pour la première fois, dans le testament de *Ramus* (août 1568), sous le nom de *Collège royal*, existait et fonctionnait avec le plus grand succès, l'édifice projeté pour les recevoir restait à construire.

La première pierre de cet édifice ne fut posée que le 28 août 1610, par le roi Louis XIII, âgé de 9 ans. La construction longtemps abandonnée, puis reprise en 1774, ne fut achevée qu'à la fin du 18e siècle. Elle est loin de répondre au projet grandiose de *François 1er* et à la destination qu'il a assignée à sa grande création.

Enfin, le *Gouvernement de la Révolution*, qui brisa ou transforma tant d'institutions, respecta le *Collège royal*. Il trouva les principes de son organisation bons. Il améliora les traitements de ses Professeurs. Puis, considérant cette grande et glorieuse Ecole

____

(1) A. Lefranc, *Histoire du Collège de France*, p. 162 et suiv.

comme l'établissement le plus important de l'Instruction publique, il lui décerna le plus beau nom qu'elle
put revendiquer : celui de « *Collège de France* »
(*Loi votée par la Convention, le 25 messidor (13 juillet 1793)*).

C. — Vitalité du Collège de France.
Raisons de cette Vitalité

Le *Collège de France* a, aujourd'hui, près de quatre
cents ans d'existence. Il a traversé de nombreux ré-
gimes différents et même opposés, suscité de grandes
jalousies, déchainé de terribles co'ères, subi de redoutables assauts. Il a vu vieillir, tomber dans la
sénilité et mourir, de nombreuses écoles célèbres. Il
a supporté toutes les épreuves sans tomber, sans
défaillance. Il a toujours combattu vaillamment et
victorieusement, pour le plus grand profit des
Lettres, des *Arts* et des *Sciences*. Et de nos jours,
encore, il est plus solide et plus robuste qu'il n'a
jamais été.

Une telle vitalité à de quoi étonner, et on peut se
demander quelles en sont les raisons.

Ces raisons, se trouvent, je crois, dans les principes
mêmes qui ont inspiré sa création, et qui, depuis, ont

toujours présidé à son fonctionnement et au recrute-
ment de ses maîtres.

Ces principes sont, d'une part, l'*originalité* et la
puissance de l'intelligence, d'autre part, la *liberté* :
la *libre pensée*, la *libre critique*, la *libre recherche* et
le *libre enseignement*. Partout, l'originalité, la force
et la liberté, c'est-à-dire, les conditions fondamentales
de la vie, du développement et du perfectionnement.

Alors que les autres écoles imposaient toutes sortes
de conditions restrictives et paralysantes, telles que
frais d'études arbitraires et parfois monstrueux, examens, concours, licences, grades divers, programmes,
subordination gênante, *esprit de secte* et *de coterie*,
etc., etc., le *Collège de France*, lui, ne demandait
que de l'*Originalité*, de la *Force de tête* et le pur
Amour du Progrès. Ces conditions capitales remplies,
dûment établies, tous les enseignements lui sem-
blaient dignes d'être professés dans ses chaires.

Et en effet, « *Omnia docet* », *il enseigne Tout*,
telle a été et est toujours la fière devise du *Collège de
France*.

Cette grande Ecole est donc, en principe, la conclu-
sion se dégage facilement et positivement, une sorte
d'*Université*. On peut et on doit, selon moi, la consi-
dérer comme une *Université d'Investigation de l'In-*

connu et de conquêtes scientifiques, comme une *Université des Progrès de la Science et de la Pensée*, placée à côté, ou, ce qui est plus juste, au dessus de *l'Université de Vulgarisation des Vérités acquises et pratiques*, c'est-à-dire, au dessus de *l'Université de Vulgarisation du Connu*.

Tout savant, quel qu'il soit, d'où qu'il vienne, quoiqu'il pense, dise ou fasse, pourvu qu'il agrandisse le champ de la *Pensée* et du *Savoir*, doit avoir sa place assurée d'avance, sans autre condition, dans une *Université de Conquêtes scientifiques*, dans *l'Université des Progrès de la Science*. Bien plus, pour exprimer toute ma conviction, je dirai qu'une telle *Université* doit être un asile toujours ouvert, sûr et inviolable, *surtout*, à toutes les formes, à toutes les hardiesses et à toutes les nouveautés de la *Pensée*, à tous les *Volontaires des Progrès de la Science* animés du *Feu sacré*. C'est là, la condition nécessaire du *Progrès*, *Progrès* qui procure aux Hommes et aux Sociétés, une part toujours plus grande du bonheur qu'ils rêvent et qu'ils aspirent à réaliser.

On le sent, tel a dû être le fond de la pensée des créateurs du *Collège de France* et de tous les Maîtres qui y ont enseigné, et qui, tous, doivent être considérés comme de vrais et grands *Volontaires des Progrès de la Science et de la Pensée.*

On sent, surtout, que tel a été le fond de la pensée des *Budé*, des *Ramus*, des *Monantheuil*, des *Renan*, etc. qui se sont particulièrement imposés à notre pieuse reconnaissance, dans la glorieuse légion de ces vaillants *Volontaires.*

On sent, enfin, que tel a dû être le fond de la pensée des grands esprits réformateurs de notre *Révolution* et, surtout, de *Mirabeau, Talleyrand, Condorcet, Romme, Daunou, Chaptal, Fourcroy, Chénier,* etc., et, plus tard, de *Napoléon 1er*. Tous ont considéré avec raison, le *Collège de France* comme l'*Ecole* la plus féconde et la plus glorieuse de la France. Tous ont rêvé d'en faire un Centre de Lumières encore plus puissant ou ont réellement contribué à son développement.

§ 2. — Laboratoires de Recherches.
Ecole pratique des Hautes-Etudes

J'ai dit et démontré, je crois, pages 129 et suivantes, que la nécessité de créer, à côté de l'*Université de Vulgarisation des connaissances bien acquises et pratiques,* une sorte d'*Université d'Investigation de l'Inconnu et de Progrès scientifiques*, s'était fait sentir, dès la fin du Moyen-Age et s'était manifestée dans la création du *Collège de France* et dans son développement continu, pendant près de quatre cents ans. Ce n'est point tout.

Cette nécessité s'est manifestée, encore, selon moi, et avec une intensité toute spéciale, à la fin du second Empire, dans la création et l'organisation d'un certain nombre de « *Laboratoires de Recherches* » et d'une grande « *Ecole pratique des Hautes-Etudes* (1). »

A. — Raisons alléguées par Duruy, pour créer cette Ecole et ses Laboratoires.

Les raisons sur lesquelles s'appuie *Duruy*, le Ministre de l'Instruction Publique de Napoléon, sont des plus importantes. Elles méritent d'être rapportées, car, malheureusement, elles sont, encore, loin d'avoir perdu toute leur valeur.

« Les efforts, dit-il, au début de son *Rapport*, accomplis à « l'étranger pour renouveler les études d'Histoire et de Philo-

(1) « *Rapport à l'Empereur à l'appui de deux Projets de Décret relatifs aux Laboratoires d'Enseignement et de Recherches et à la Création d'une Ecole pratique de Hautes-Etudes* » présenté par *Duruy*, Ministre de l'Instruction Publique, et signé par *Napoléon,* le 31 juillet 1868.

« logie, ceux qu'on fait partout, à cette heure, en *Amerique*
« comme en *Allemagne*, en *Russie* comme en *Angleterre*, pour
« constituer, à grands frais, ces *Arsenaux de la Science* qu'on
« appelle des *Laboratoires,* les *Ecoles.* enfin, qui se forment
« autour des maîtres renommés et qui assurent la perpétuité
« du *Progrès scientifique*, sont une *sérieuse menace* contre une
« de nos ambitions les plus légitimes. »

« Les établissements (du haut enseignement), construits à
« un autre âge, ne répondent plus à tous les besoins nou-
« veaux (1) ; nos maîtres, trop souvent dépourvus des instru-
« ments et des appareils qui sont devenus de si puissants
« moyens de découvertes ou d'enseignement, se regardent
« comme désarmés en face de leurs rivaux ».

« Or, il est de l'intérêt, aussi bien que de la gloire de la
« France, de susciter le progrès dans toutes les branches des
« *Hautes-Etudes,* comme elle le fait pour les humbles (2) ».

Après s'être assuré, dit-il, « par une longue et mi-
nutieuse enquête » que les réformes qu'il a élaborées
« répondent aux vœux des hommes les plus compétents », en outre « *des Exercices didactiques dans
les Facultés des Lettres et des Laboratoires d'enseignement, dans les Facultés des Sciences* », il propose
de créer des « *Laboratoires de Recherches* ». Et il
ajoute :

(1) Le *Collège de France*, du reste visé par le ministre, est
bien, encore, un de ces établissements là. Et il n'est pas seul.

(2) Le ministre aurait dû dire : de susciter *surtout, avant
tout.* Et en effet, tout l'enseignement n'est-il pas *subordonné*
au *Progrès des Hautes-Etudes.*

« *Le savant n'a pas seulement besoin d'un lieu où il puisse*
« *travailler et d'appareils qui sont les instruments nécessaires*
« *de son travail, il lui faut, encore, des auxillaires qui l'as-*
« *sistent dans ses investigations.*

« Un vrai Laboratoire scientifique se compose donc de deux
« éléments :

« Les Instruments .et les appareils les plus perfectionnés ;

« *Les Collaborateurs les plus intelligents* (1) :

« Le *Laboratoire de Recherches* établi de cette manière ne
« sera pas utile au maître seul ; il le sera bien plus, encore, aux
« élèves, et, par conséquent, il assurera les progrès futurs de
« la Science.

« *C'est avec les Institutions de ce genre que l'Allemagne a*
« *trouvé le moyen d'arriver à ce large développement des*
« *Sciences expérimentales que nous étudions avec une sympa-*
« *thie inquiète* (2) ».

« Personne ne songe à demander l'abrogation de la loi sur le
« cumul, mais le Conseil d'Etat a accueilli avec faveur la pen-
« sée d'encourager la *séparation des Chaires et des Fonctions*,
« en assurant un traitement suffisant à ceux de nos savants
« qui consacreraient à *un seul* enseignement toutes les forces
« de leur intelligence (3).

(1) Quant à moi, j'apprécie d'autant mieux la haute valeur
de ce raisonnement que, à mon très grand regret, je suis *para-*
lysé, depuis plus de *dix ans*, dans mes *Recherches expéri-*
mentales, par la privation d'un *garçon de Laboratoire* qui est
bien l'auxillaire le plus indispensable dans un *Laboratoire de*
Recherches portant sur des animaux vivants.

(2) L'expression « *sympathie inquiète* » est beaucoup trop
faible, aujourd'hui.

(3) La *séparation* des fonctions de *Professeur-Vulgarisateur*
des Vérités acquises, du Connu, et *d'Investigateur de l'In-*
connu, Créateur du Progrès scientifique, est, ici, nettement
indiquée et *désirée*. C'est la Sagesse même qui parle, ainsi que
je l'ai *démontré*, pages 88 et suiv.

« La condition essentielle de ces Laboratoires sera, pour les
« *Savants* qui en seront chargés, l'entière liberté de diriger
« leurs travaux et les études de leurs élèves, en dehors de tout
« programme officiel, dans la voie qu'ils jugeront la plus pro-
« fitable à la *Science*.

« Animés de l'*Esprit de Recherche et d'Invention*, ils feront,
« peut-être, avancer la *Science, si l'on met, à leur disposition,*
« *les instruments indispensables aux investigations scienti-*
« *fiques* (1) ».

Le ministre expose, encore, dans son très remarquable Rapport, beaucoup d'autres considérations qui
présentent, aussi, le plus haut intérêt. Il ne m'est
point possible de les relater toutes dans le présent
travail.

Mais, j'en recommande la lecture à ceux qui s'occu-
pent de la *Réorganisation du travail d'Investigation*
et de *Conquêtes scientifiques*, à ceux qui ont à cœur
de concourir à doter notre cher *Pays* d'une puissante
*Organisation des Progrès de la Science et de la
Pensée*.

B. — Principaux articles des Décrets
établissant la création de l'Ecole pratique des Hautes-Etudes et de ses Laboratoires de Recherches

Comme conséquence de ce *Rapport* l'Empereur a

(1) Et, parmi ces instruments, le *Garçon de Laboratoire* est
un des plus précieux, sinon le plus précieux.

signé, le même jour (31 juillet 1868), *deux décrets* dont voici quelques-uns des principaux articles :

PREMIER DÉCRET

« Art. 2. — Des *Laboratoires de Recherches*, destinés à faci-
« liter les progrès de la Science, peuvent être institués, après
« avis du Conseil supérieur de l'Ecole pratique des Hautes-
« Etudes, à titre permanent ou temporaire, auprès des établis-
« sements scientifiques dépendant du Ministère de l'Instruction
« publique, au moyen de crédit spécial porté à cette effet au
« bubget de l'Etat.

« Le Ministre, après avis ou sur la proposition du Conseil
« supérieur, peut allouer une indemnité annuelle au Directeur
« d'un *Laboratoire de Recherches*.

« Art. 6. — Le Ministre de l'Instruction publique détermine
« annuellement les ressources affectées à chacun des *Labora-
« toires de Recherches* pour les dépenses du personnel et du
« matériel.

SECOND DÉCRET

« Art. 1. — Il est fondé à Paris, auprès des établissements
« scientifiques qui relèvent du Ministère de l'Instruction publi-
« que, une *Ecole pratique des Hautes-Etudes* ayant pour but
« de placer, à côté de l'Enseignement théorique, les *Exer-
« cices qui peuvent le fortifier et l'étendre.*

« Cette Ecole est divisée en quatre sections :

« 1° *Mathématiques ;*

« 2° *Physique et Chimie ;*

« 3° *Histoire naturelle et Physiologie ;*

« 4° *Sciences Historiques et Philologiques.* »

Suivent 15 autres articles.

Il est prévu « qu'une 5ᵉ Section pourra être ulté-
« rieurement formée pour les *Etudes Juridiques.* »

On voit que cette section n'a pas été encore créée,
mais qu'on a créé, à la place, une section de « *Scien-*
« *ces Religieuses* ».

Il paraît certain que l'on créera, aussi, une section
de *Sciences sociales.*

CHAPITRE III

PROJET D'UNIVERSITÉ SPÉCIALE
DES PROGRÈS DE LA SCIENCE
ET DE LA PENSÉE

§ 1. — Raisons qui justifient
l'organisation de cette Université

La création des « *Laboratoires de Recherches* » et des cinq sections de l' « *Ecole pratique des Hautes-Etudes* », de même que la création et le développement continu du « *Collège de France* », démontre clairement que, depuis le commencement de la *Renaissance*, la haute Elite intellectuelle a, de plus en plus, senti la nécessité d'instituer des Organes d'investigation et de Conquête Scientifiques ayant pour mission spéciale de s'efforcer d'agrandir, sans cesse, dans toutes les directions où s'oriente l'activité humaine, le domaine de la *Science* et de la *Pensée*. Il ne peut y avoir aucun doute sur ce point, tant l'*Idéal* rêvé me semble évident.

Ces *Organes de Progrès* existent, aujourd'hui, par

centaine, soit dispersés, isolés, dans les sections de l'*Ecole pratique des Hautes-Etudes* où ils sont de beaucoup les plus nombreux, soit rassemblés dans le *Collège de France* où ils forment un noyau qui possède une puissante attraction.

Le nombre de ces Organes est, encore, malgré son étendue déjà fort respectable, tout à fait insuffisant. Il est facile de voir et de prévoir que l'on sera obligé de lui donner une valeur beaucoup plus élevée.

De plus, la plupart des Savants, sinon tous, qui exercent les très laborieuses et très pénibles *Fonctions d'explorateurs de l'Inconnu*, de *Créateurs du Progrès scientifique*, ne recevant qu'une rétribution minime et même, souvent, dérisoire, sont dans la nécessité d'employer la plus grande partie de leur activité soit dans les *Fonctions de Professeurs-Vulgarisateurs du Connu*, soit, encore, dans tout autre genre de travail, pour pouvoir vivre modestement.

Il résulte de cette déplorable situation que les *Fonctions d'Investigateur* sont beaucoup moins bien exercées qu'elles pourraient et devraient l'être, qu'elles sont loin de donner la somme de résultats utiles que l'on pourrait raisonnablement espérer.

De plus, encore, la plupart de ces *Investigateurs* sont, très souvent, sinon toujours, insuffisamment pourvus, ou dénués des moyens nécessaires pour entreprendre ou poursuivre leurs investigations. Ils sont, très souvent, pour ainsi dire, désarmés, en présence des rudes et innombrables difficultés à vaincre.

Pour ces différentes raisons et pour d'autres énumérées dans le corps de ce travail ou passées sous silence, il est *nécessaire* et *urgent*, aujourd'hui, d'organiser, avec les éléments déjà existants et d'autres qui sont à créer, un centre spécial et puissant d'*Investigations et de Conquêtes scientifiques*, une grande et puissante *Université des Progrès de la Science et de la Pensée*, dont la destination unique sera de *purifier* et d'*agrandir*, sans cesse, les *domaines du Savoir positif et de la Pensée*.

§ 2. — Insuffisance de l'emplacement actuel du Collège de France

Le moment d'étudier et de résoudre cette grave question est venu, aujourd'hui, puisque la réédification et la réorganisation du *Collège de France*, qui doit nécessairement constituer le noyau de cette nouvelle Université, s'imposent :

L'organisation d'une telle *Université* étant admise, en principe, il reste à déterminer l'emplacement qu'elle devrait occuper.

On le prévoit facilement, cette organisation devant être, nécessairement, avec le temps, de plus en plus compliquée, aussi variée et compliquée que l'activité de l'*Esprit humain* et que les nombreux champs d'investigation où il s'exerce, il faut que cet emplacement soit grand, très vaste.

Le lieu occupé, aujourd'hui, par le *Collège de France*, même agrandi des lieux qui l'entourent immédiatement, me paraît devoir être tout à fait insuffisant, pour comprendre, et les services d'*Observation*, et les services d'*Expérimentation*, et les *Collections*, et les *Musées*, et les *Amphithéâtres d'enseignement*, et la *Bibliothèque* (1), etc., etc. En le réédifiant sur le même emplacement, il faudrait le morceler et en éloigner un certain nombre de tronçons. Un tel morcellement serait funeste au Collège, et il faut l'éviter.

---

(1) En effet, la superficie de ces différents lieux se répartit ainsi :

1º Emplacement réel du *Collège de France* actuel, environ 4000 mètres carrés ;

2º Emplacement de 7 vieilles maisons, de la rue Fromentel, etc., environ 2000 mètres carrés ;

3º Emplacement du petit square et de la petite place du *Collège de France*, environ 4000 mètres carrés.

Ainsi, en admettant que l'on prenne toute la place libre pour lo réédifier, le *Collège de France* ne couvrirait donc, à peu près, que 10.000 mètres carrés : *un seul hectare*. On le voit, l'emplacement est beaucoup trop petit.

L'édifice d'une telle organisation ne doit point être fait, seulement, pour quelques siècles. Il deviendrait rapidement insuffisant. Il doit pouvoir s'agrandir librement, avec la multiplication des champs d'investigation. On agira sagement en tenant compte de ces prévisions, aussi certaines que faciles à faire.

Donc, selon mon humble avis, l'emplacement et les bâtiments actuels occupés par le *Collège de France* doivent être abandonnés. Une autre œuvre beaucoup moins importante qu'une Université contemporaine et future s'en contentera facilement et même sans qu'il soit nécessaire de démolir des constructions encore solides, je crois.

Cependant, l'*Université nouvelle* projetée devrait rester sur le flanc de cette vieille montagne qui, pendant près de quatre cents ans, a été témoin de ses douleurs et de ses glorieux exploits, sur la grande voie du *Progrès scientifique*. L'Esprit humain est, comme on sait, profondément *fétichiste* : il est naturellement porté, et souvent à son insu, à animer les lieux, les objets, toutes les choses, sur lesquelles il a exercé son activité. Il les aime et ne s'en sépare point sans peine ou sans douleur.

Donc, laissons-le au pied de sa chère montagne,

Réédifions-le sur les lieux qu'il aime et qu'il préfère.
Mais, où cela, demandera-t-on ?

§ 3. — Avantages de l'emplacement
de la Halle-aux-Vins

Je connais un magnifique et vaste emplacement qui
répondrait, je crois, tout à fait, aux grands besoins
présents et futurs ci-dessus indiqués. Cet emplacement : c'est la *Halle-aux-Vins*.

Il n'est situé qu'à quelques centaines de mètres du
lieu occupé par le *Collège* actuel, ne mesure pas moins
de 114,000 mètres carrés, soit, environ, 11 hectares
et 1/2, et, de plus, sa configuration, presque carrée,
est entourée de places et de larges voies.

De nombreuses raisons, en outre de celles citées
plus haut, doivent engager à choisir ce lieu pour y
édifier l'*Université projetée*. Enumérons-les :

1° Il est situé tout à côté des riches et nombreuses
collections du *Muséum d'Histoire naturelle*, de ses
grandes serres, de ses magnifiques et vastes jardins
et promenades. Une rue étroite, seulement, sépare
les deux lieux.

2° Il n'est séparé du grand *Hôpital de la Pitié* qui
doit être réédifié que par 200 mètres environ.

Avec ces deux grands établissements, l'*Université nouvelle* formerait un groupement harmonieux et grandiose, unique, peut-être, dans le monde.

3° Les moyens de transports qui le desservent sont déjà nombreux et très commodes : bateaux, voie ferrée de la Cie d'Orléans, voie nombreuses à traction mécanique etc. On pourrait, facilement, en ajouter d'autres.

D'autre part, le déplacement et le transport à Bercy, où dans quelque lieu voisin, des chaix et des innombrables amoncellements de barriques, serait bien vu des habitants du quartier et de tous ceux qui s'intéressent aux embellissements de notre admirable *Capitale*.

Tous ces chaix, tous ces tonneaux, tous ces ateliers de tonnellerie, toutes ces guérites, tous ces camions, etc, n'ont, en effet, rien qui séduise l'œil du voisin ou du passant, et les habitants du quartier, tous les parisiens les verraient partir sans regret.

De plus, d'après l'avis des négociants en vins les plus compétents qui y exercent leur commerce, le déplacement de la *Halle-aux-Vins* ne présenterait, pour eux, aucun inconvénient sérieux.

Sa conservation elle-même, aujourd'hui peu justifiée, le serait, sûrement, de moins en moins, dans l'avenir.

Remplacée par les beaux édifices de l'*Université*

projetée, par les arbres et les gracieux jardins qui pourraient les entourer, le quartier deviendrait un des plus beaux et des plus agréables de Paris. Il se transformerait certainement et prendrait une plus value très considérable.

Il y a, assurément, d'autres raisons que l'on pourrait, encore, alléguer en faveur du Projet. Mais, je crois inutile de le faire. Celles qui sont énumérées plus haut paraissent largement suffisantes.

Certains lecteurs trouveront, peut-être, beaucoup trop grand, pour l'*Université projetée*, le vaste emplacement de la *Halle-aux-Vins*. Je leur ferai remarquer simplement que, malgré ses grandes dimensions, cet emplacement n'est, encore, qu'un pauvre petit pygmée à côté des immenses emplacements sur lesquels ont été édifiées, déjà depuis de nombreuses années, un certain nombre d'*Universités allemandes*, et, surtout depuis *dix ans*, les grandioses *Universités américaines* de *Chicago* et de *Berkeley*, près *San-Francisco* (Californie).

M. *Gaston Deschamps*, le pénétrant et brillant critique littéraire du journal le « *Temps* », nous a appris récemment, en effet, dans les n⁰ˢ des 12 et 19 mai 1901 de ce journal, au cours d'un voyage qu'il a fait, à la même époque, dans ces derniers pays, que l'*Univer-*

sité de Chicago ne comprend pas moins de « *quarante-cinq* » palais consacrés aux services de la *Science*. Et ses édifices sont disséminés dans un magnifique *Parc* dont la superficie est de « *plusieurs kilomètres carrés* », c'est-à-dire, *plusieurs centaines d'hectares.*

Trente-six millions de francs furent souscrits et versés, en quelques années, par de généreux et très intelligents donateurs, par amour pour le *Progrès* et la *Vulgarisation* de la *Science*. Leurs noms doivent être connus et honorés de tous et, particulièrement, des *Volontaires des Progrès de la Science*. Ce sont MM. *John Rockefeller, Ogden, Kent, Field, Cobb, Walker, Yerkes, Gurley, Martin Ryerson* et Mmes *Helène Culver, Elisabeth Kelly, Caroline Haskel, Annie Hitchcock.*

Quant à l'*Université de Berkeley*, c'est mieux encore.

« L'Université de Californie, écrit M. *Gaston Des-*
« *champs*, lorsqu'on aura fini de la bâtir, sera digne
« de la contrée exceptionnelle où les voyageurs
« viendront admirer ses colonnades, ses dômes, ses
« tours, ses belvédères et ses campaniles.

« C'est à une femme d'un esprit supérieur et d'un
« cœur très noble, Mme *Phœbé Hearst* que l'on doit

« l'initative de cette fondation ». Elle ne date que du 24 octobre 1896.

Heureuse *Amérique* qui possède ainsi, des Esprits aussi clairvoyants et des Cœurs aussi généreux !

Bientôt, sans doute, avec de tels efforts, avec un tel Amour pour l'*Instruction* et pour le *Progrès de la Science*, l'Amérique jouira de la royauté scientifique comme elle jouit, déjà, de la royauté financière qui sera, ainsi, centuplée.

Quand donc verra-t-on, dans notre chère *Patrie* les Esprits et les Cœurs d'élite rivaliser, parmi les *Riches*, de clairvoyance, de générosité et d'amour pour la *Science*, avec leurs nobles devanciers de la grande *Amérique* ?

Souhaitons, de tout cœur, que cette rivalité soit prochaine et ardente, car la vieille prépondérance de la *Science française* est de plus en plus sérieusement menacée. Si de grands sacrifices pécuniaires ne sont point faits, pour assurer largement ses progrès, elle descendra fatalement, et cela, malgré le dévouement de son *Elite intellectuelle*, vers la queue de la hiérarchie internationale, au lieu de continuer à en occuper la tête.

§ 4. — La République, la Foi scientifique et l'Université des Progrès de la Science

J'espère que les *Idées originales* et le *Projet* exposés dans ce travail trouveront, auprès des intéressés, la sympathie qu'ils me paraissent mériter.

J'espère, encore, qu'un jour viendra où nous verrons s'élancer, du sol de la *Halle-aux-Vins*, au milieu de magnifiques arbres et de délicieux jardins, les majestueux *Palais* d'une grande et puissante *Université des Progrès de la Science et de la Pensée* vraiment digne la « *Grande Ville-Lumière* », de la *France* et de la *Science*.

Paris, a édifié, pour les *Beaux-Arts*, des Palais vraiment merveilleux, et il a très bien fait. Qu'il édifie, maintenant, des Palais puissants et non moins merveilleux, pour les *Progrès de la Science positive et de la Pensée*, et il fera, encore, beaucoup mieux.

A. — La République et sa Réorganisation universitaire

La République, en accomplissant ce Projet, achèvera sa grande Œuvre de réorganisation universitaire : elle mettra, sur le Corps de l'Instruction publique qu'elle a organisé, la grosse *Tête* large, forte et profonde, qui convient à ses proportions gigantesques. Et, de même que *François Ier* a reçu, de l'Histoire reconnaissante, le beau surnom de. « *Père des Lettres* », elle aura vraiment mérité, ainsi, celui, non moins beau, assurément, de « *Mère des Progrès* ». Et ce sera, là, son plus glorieux titre, aux yeux de la *Patrie* et de l'*Humanité*.

Quelle que grande et puissante que soit l'attraction de cet *Idéal*, elle ne doit pas griser, au point de faire méconnaître les difficultés pratiques que présente sa réalisation. Elles sont nombreuses, redoutables et bien au-dessus des forces d'un seul homme.

Il faudra, non seulement, vaincre de formidables résistances, pour faire admettre, dans certains milieux, le principe de la Création projetée, mais encore, accumuler de grands capitaux pour l'édifier, l'organiser, la doter largement et sûrement.

Une Société nombreuse composée d'hommes compétents, dévoués et très tenaces, est nécessaire, pour surmonter toutes ces difficultés et faire aboutir convenablement l'entreprise projetée.

Malgré toutes les difficultés. je ne désespère point de son succès. Il faudra, *nécessairement*, réaliser, un un jour, ce grand Projet.

B. — **La Foi théologico-métaphysique et la Foi scientifique.**

La *Foi théologico-métaphysique* en décadence est parvenue à édifier, sur le sommet de Montmartre, la grande *Basilique du Sacré-Cœur*, pour dominer, quand même, la grande « *Ville-Lumière* ».

La *Foi scientifique* sans cesse grandissante, la *Foi* qui perce, soulève et transporte *vraiment* les *montagnes*, qui creuse les isthmes et unit les océans, qui fouille, avec succès, le fond des mers, le fond des airs et même le fond des cieux, qui explore les régions les plus inconnues, les plus lointaines et les plus meurtrières de notre planète, la *Foi* qui aspire à expliquer l'*Ordre* de l'Univers, comme elle explique, déjà, celui de notre monde et de notre *Système solaire*, la *Foi* qui porte le flambeau dans les profonds mystères de la vie, de la construction, du fonctionnement et de la destinée de l'Homme et de l'Humanité, la *Foi* qui donne toutes les Espérances raisonnables, toutes les sages audaces et tous les succès positifs, oui ! cette *Foi* là saura bien, aussi, et mieux encore, que la *Foi théologico-métaphysique*, édifier, pour les *Progrès de la Science* qu'elle engendre, des *Temples* et des *Basiliques* d'un nouveau genre, vraiment dignes de sa grandeur et de sa puissance.

C'est là ma conviction, et elle est profonde. Elle ne sera malheureusement pas partagée par tous, de nos jours, et même, avant longtemps. Je le sais et ne me fais aucune illusion sur ce point.

Mais, quel qu'il soit et quelle que soit le sens de son opinion, je prie, instamment, l'adversaire qui aura lu le présent travail d'être bien convaincu, au moins, qu'en y exposant ma propre conviction, et, quelquefois, avec une certaine énergie et une certaine chaleur, je n'ai été poussé que par le pur *Amour de la Vérité* et par le désir passionné de voir notre *France* bien-aimée se placer et se maintenir, *toujours*, à la tête des *Progrès de la Science et de la Pensée*, et, conséquemment, à la tête de l'*Humanité* (1).

(1) Que le lecteur soit *défavorable* aux *Idées* exposées dans ce travail, ou qu'il y soit *favorable*, je le prie de vouloir bien me communiquer ses observations, 38, quai d'Orléans, à Paris.

Si les observations sont *favorables*, elles me fortifieront, encore, dans mes convictions et seront, pour moi, un précieux encouragement à persévérer dans la voie où je me trouve engagé.

Si elles sont *défavorables* et me *démontrent* que cette voie n'est pas la meilleure, qu'il en existe une autre qui est supérieure et qu'il faut la prendre, si ces observations défavorables me *démontrent* que mes *Idées* sont fausses ou erronées et si elles les remplacent par des *Idées* plus justes, je m'empresserai de me rendre à l'évidence de la raison et de les adopter.

Dans un cas, comme dans l'autre, le lecteur aura bien travaillé, et pour la meilleure des causes : le *Progrès de la Science*. Son concours intellectuel et moral aura été utile, et je lui serai sincèrement reconnaissant.

TABLE ANALYTIQUE DES MATIÈRES

PREMIÈRE PARTIE

LA SCIENCE, LA MÉTAPHYSIQUE ET LE PROGRÈS

CHAPITRE I

DÉFINITIONS DES TERMES DU SUJET

11

———

CHAPITRE II

ORIGINES DES VOCATIONS SCIENTIFIQUES

DEUXIÈME PARTIE

DÉLAISSEMENT DES VOLONTAIRES DES PROGRÈS DE LA SCIENCE

CHAPITRE I

PREUVES DE CE DÉLAISSEMENT

CHAPITRE II

DEVOIRS DE L'ÉTAT ET DE LA SOCIÉTÉ
ENVERS
LES VOLONTAIRES DES PROGRÈS DE LA SCIENCE

TROISIÈME PARTIE

PROJET D'ORGANISATION DE LA CONQUÊTE DE LA SCIENCE

CHAPITRE I

NÉCESSITÉ D'ORGANISER LE PROGRÈS DE LA SCIENCE ET DE LA PENSÉE

CHAPITRE II

GRANDES ÉCOLES SPÉCIALES
DES PROGRÈS DE LA SCIENCE ET DE LA PENSÉE

PARTHENAY. — IMPRIMERIE A. RAYMOND

NOTE COMPLÉMENTAIRE

LOI

Portant création d'une Caisse des Recherches scientifiques.

Les *desiderata* exposés dans le présent volume l'ont déjà été, en grande partie, dans un précédent ouvrage ayant pour titre : « *Aperçu historique sur les Ferments et les Fermentations normales et morbides s'étendant des temps les plus reculés jusqu'à l'année 1900* », Rousset, édit., Paris, ainsi qu'il en est fait mention page 11.

Ce présent volume devait même être publié à la fin de 1900. Les épreuves ont été communiquées, à la fin de cette année, à différentes personnes. Mais plusieurs raisons m'ont obligé à en ajourner la publication (voir pages VII, VIII et page 13 du susdit précédent ouvrage).

La distribution de ce volume n'a pu commencer qu'en avril dernier.

Depuis, la question a fait un progrès fort important que je suis très heureux de consigner à la fin des
volumes qui restent encore en réserve.

Grâce, en effet, aux efforts de M. *Audiffred*, député
de la Loire, la *Loi* ci-après exposée a été votée par les
Chambres, à la veille de leurs vacances.

---

*Loi portant création d'une caisse des recherches scientifi-
ques investie de la personnalité civile et divisée en deux
sections, dans le but de favoriser les travaux de science
pure relatifs : 1° à la découverte de nouvelles méthodes de
traitement des maladies qui atteignent l'homme, les
animaux domestiques et les plantes cultivées ; 2° à la découverte, en dehors des sciences médicales, des lois qui régissent les phénomènes de la nature (mathématique, mécanique, astronomie, histoire naturelle, physique et chimie).*

Le Sénat et la Chambre des députés ont adopté,
Le Président de la République promulgue la loi dont la
teneur suit :

Art. 1er. — Il est créé, sous le nom de *Caisse des Recherches scientifiques*, un établissement public ayant pour objet
de faciliter, par des subventions, les *Progrès de la Science*.

Cette caisse relève du ministère de l'instruction publique.

Elle est gérée par un conseil d'administration.

Ce conseil est assisté d'une commission technique pour
l'attribution des subventions.

Art. 2. — Le conseil d'administration de la caisse est composé de :

Un conseiller d'Etat, élu par le conseil d'Etat, président ;

Un sénateur et un député, élus respectivement par le Sénat et par la Chambre des députés ;

Un conseiller-maître à la cour des comptes, élu par la cour des comptes ;

Trois membres de droit, savoir : le directeur de l'enseignement supérieur au ministère de l'instruction publique ; le directeur de l'agriculture au ministère de l'agriculture ; le directeur général de la comptabilité publique au ministère des finances ;

Deux membres élus par la commission technique définie à l'article 3 ci-après, à raison de un pour chacune des deux sections de la commission.

Art. 3. — La commission technique est divisée en deux sections.

La première section connaît des recherches qui ont pour objet le progrès des sciences biologiques, notamment dans le but de découvrir de nouvelles méthodes de traitement des maladies de l'homme, des animaux domestiques et des plantes cultivées.

La seconde section connaît des recherches qui ont pour objet le progrès des autres sciences.

Ces deux sections sont composées comme suit :

Première Section.

Le directeur de l'enseignement supérieur ;

Quatre membres de l'académie des sciences, élus par elle et choisis : l'un dans la section de médecine et chirurgie ; le deuxième dans la section d'anatomie et zoologie ; le troisième dans la section d'économie rurale, et le quatrième dans la section de botanique ;

Un membre de l'académie de médecine, élu par elle ;

Les deux délégués des facultés de médecine au conseil supérieur de l'instruction publique ;

L'inspecteur général des écoles vétérinaires ;

Un membre de la commission consultative permanente du conseil supérieur de l'agriculture, élu par ses collègues parmi les membres non fonctionnaires de cette commission.

Deuxième Section.

Le directeur de l'enseignement supérieur ;

Quatre membres de l'académie des sciences, élus par elle parmi les membres des sections autres que celles désignées ci-dessus ;

Un des professeurs de sciences du Collège de France, élu par ses collègues ;

Un professeur du Muséum d'histoire naturelle, élu par ses collègues ;

Les deux délégués des facultés des sciences au conseil supérieur de l'instruction publique ;

Un membre de la commission consultative permanente du conseil supérieur du commerce et de l'industrie, élu par ses collègues parmi les membres non fonctionnaires de cette commission.

Chacune des deux sections élit son président.

Les deux sections, réunies en assemblée générale, élisent le président de la commission technique.

Art. 4. — Les membres élus du conseil d'administration et de la commission technique sont nommés pour cinq ans, à l'exception des membres du Parlement, dont les fonctions ont pour terme la fin de leur mandat législatif.

Art. 5. — Les ressources de la caisse des recherches scientifiques comprennent :

1° Les subventions de l'Etat, des départements, des communes, des colonies et autres établissements publics ; .

2° Les dons et legs ;

3° Les versements à titre de souscriptions individuelles ou collectives ;

4° Les allocations prélevées sur la partie du fonds du pari mutuel affectée aux œuvres locales de bienfaisance, en vertu de l'article 5 de la loi du 2 juin 1891, allocations dont le montant annuel, sans pouvoir être inférieur à 125,000 fr., sera fixé chaque année, sur la demande du conseil d'administration de la caisse, par la commission spéciale instituée au ministère de l'agriculture pour l'application dudit article 5 de la loi du 2 juin 1891 ;

5° L'intérêt des fonds libres, placés en rentes sur l'Etat ou versées en compte courant au Trésor.

Art. 6. — Les subventions, dons, legs ou souscriptions peuvent être limitativement affectés par leurs auteurs à un objet spécial.

Les allocations prélevées sur le produit du pari mutuel ne peuvent être employées qu'en subventions attribuées à des recherches biologiques effectuées dans des établissements qui font œuvre de bienfaisance.

Art. 7. — Les ressources de la caisse des recherches scientifiques sont exclusivement employées :

1° A allouer, en tenant compte des obligations prévues à l'article 6 ci-dessus, des subventions aux recherches scientifiques, réparties à cet effet en deux catégories, dont la première comprendra les recherches qui ont pour objet le progrès des sciences biologiques, et la seconde, les recherches qui ont pour objet le progrès des autres sciences ;

2° A payer les frais d'administration de la caisse.

Art. 8. — Le conseil d'administration arrête chaque année, sur le rapport de la commission technique, le montant de la somme totale qui pourra être distribuée en subventions au cours de l'exercice suivant.

La commission technique, réunie en assemblée générale, détermine la division de cette somme en deux parts, l'une destinée aux recherches de la première catégorie, définie à l'article 7, et l'autre aux recherches de la seconde catégorie.

La première section de la commission technique, délibérant séparément, arrête ensuite la répartition de la première part en subventions attribuées pour l'exercice considéré aux diverses recherches de la première catégorie qu'elle juge utile d'encourager, en tenant compte d'ailleurs des obligations prévues à l'article 6.

La seconde section arrête dans les mêmes conditions la répartition de la seconde part en subventions attribuées à des recherches de la seconde catégorie.

Art. 9. — Le conseil d'administration prépare et arrête le budget en se conformant aux décisions régulièrement prises par la commission technique.

Il dresse et arrête les comptes de chaque exercice.

Il délègue à un de ses membres les fonctions d'ordonnateur et nomme un trésorier-comptable qui est justiciable de la cour des comptes.

Art. 10. — Avant l'expiration du premier trimestre de chaque année, le président du conseil d'administration de la caisse des recherches scientifiques adresse au Président de la République un rapport rendant compte des opérations de la caisse pendant l'année précédente. Ce rapport est inséré au *Journal officiel*.

Art. 11. — Un règlement d'administration publique détermine les règles relatives à la comptabilité de la caisse et au fonctionnement du conseil d'administration et de la commission technique, et généralement toutes les mesures nécessaires à l'exécution de la présente loi.

La présente loi, délibérée et adoptée par le Sénat et par la Chambre des députés, sera exécutée comme loi de l'Etat.

Fait à Paris, le 14 juillet 1901.

ÉMILE LOUBET.

Par le Président de la République :

*Le ministre de l'instruction publique
et des beaux-arts,*

GEORGES LEYGUES.

Le ministre de l'agriculture,

JEAN DUPUY (1).

Comme on le voit, cette importante *Loi* donne un *commencement* de satisfaction aux *desiderata antérieurement formulés* dans ce volume et dans l'ouvrage qui l'a précédé.

Les *Volontaires des Progrès de la Science positive* n'oublieront pas *l'ami des Progrès de la Science* qui a su présenter et faire aboutir une si heureuse et si utile Loi.

(1) Extrait du « *Journal Officiel* de la République française » du 23 juillet 1901.

Aux *Riches*, maintenant, à ne pas oublier la nouvelle « *Caisse des Recherches scientifiques* ».

Le vote d'une telle *Loi* qui, on le comprend, découlait naturellement de tout ce qui est contenu dans le présent volume, est une preuve qui vient justifier, de la façon la plus opportune et la plus éclatante, la légitimité des *desiderata* qui y sont exposés.

Tout cela est fort bien, assurément. Mais, il ne faut point s'arrêter en si bonne voie. Selon moi, la situation exige beaucoup plus encore, ainsi que cela ressort nettement du contenu du présent volume.

ROUSSY.

Paris, le 23 octobre 1901.

IMPRIMERIE F. DEVERDUN, BUZANÇAIS (INDRE).